HAMBURGS FINANZEN

VON 1914 BIS 1924

HAMBURGS FINANZEN
VON 1914 BIS 1924

VON

JÜRGEN BRANDT
DR.-ING. DR. RER. POL.

L. FRIEDERICHSEN & CO., HAMBURG 1924

Druck von J. J. Augustin in Glückstadt und Hamburg.

Inhalt.

Vorwort.

In der deutschen Finanzgeschichte wird die Inflationsperiode vom Kriegsausbruch 1914 bis zu der vorläufigen Währungsstabilisierung 1923 immer eine wichtige Rolle spielen, auch wenn die Stabilisierung von 1923 noch keine endgültige sein sollte. Der Währungsverfall als Folge der Kriegs- und Nachkriegslasten erschütterte die Reichs- und Staatsfinanzen in einem solchen Maße, daß nicht nur große Umwälzungen in der Staatswirtschaft eintraten, sondern auch immer wieder tiefgreifende Reformversuche zur finanziellen Sanierung unternommen wurden. Eine grundlegende wissenschaftliche Bearbeitung dieser neudeutschen Finanzpolitik und ihrer Auswirkungen ist bisher meines Wissens noch nicht erfolgt, zumal es an Vorarbeiten gefehlt hat. Die vorhandene Lücke will der vorliegende Versuch ausfüllen helfen, der sich auf einen kleinen Ausschnitt des Gesamtgebietes bezieht. Er erhält dadurch seine Berechtigung, daß sich die Finanzen Hamburgs als Stadtstaat und die Maßnahmen zu ihrer Sanierung von denen anderer Länder und Gemeinden in mancher Hinsicht unterscheiden. Durch die Untersuchung wird gleichzeitig auch ein bescheidener Beitrag zur hamburgischen Geschichte geliefert.

Einer Darstellung der hamburgischen Finanzen von 1914 bis 1924 sind durch den völligen Mangel an Vorarbeiten bisher noch gewisse Grenzen gezogen. Notgedrungen muß sich die Untersuchung darauf beschränken, zunächst nur das vielfach verstreute Tatsachenmaterial ordnend zusammenzufassen und ein Bild der Entwicklung in großen Zügen zu geben. Eine Vertiefung in die dabei auftauchenden Probleme ist noch nicht möglich. Es kommt zunächst mehr darauf an, die Probleme einer späteren systematischen Untersuchung zugänglich zu machen, für die heute die Zeit noch nicht gekommen ist. Auch kann die Kritik der hamburgischen Finanzwirtschaft nur zurückhaltend sein, da uns die Ereignisse der letzten Jahre noch zu nahe stehen. Doch darf die Untersuchung nicht ganz darauf verzichten, soweit sie dazu in der Lage ist, durch Aufdecken der Fehler der Vergangenheit Anregungen für die Gestaltung der Zukunft zu geben.

Gegen den vorliegenden Versuch lassen sich zwei Bedenken erheben. Einmal kann geltend gemacht werden, daß eine offene Klarstellung der Vermögenslage des hamburgischen Staates den Staatskredit schädigen könnte. Dieser Einwand scheint mir nicht mehr stichhaltig zu sein, nachdem durch die Währungsstabilisierung der Schleier zerrissen ist, der seit dem Kriege über den deutschen Finanzen lag und sie kritischen Betrachtungen entzog. Seit der Umstellung auf Goldrechunng kann keine Geheimhaltung der Finanzfragen darüber hinwegtäuschen, daß die Inflation den finanziellen Unterbau des Reiches und der Länder völlig erschüttert hat.

Weiter kann der Vorwurf erhoben werden, daß die Darstellung der hamburgischen Finanzwirtschaft nur unvollständig und ungenau sein kann, da wegen ihrer Geheimhaltung eine richtige Beurteilung für den außenstehenden Beobachter unmöglich ist. Auch wenn zugegeben werden muß, daß mit einigen unbekannten Größen zu rechnen ist, so treten doch die Grundzüge der Entwicklung so offenkundig in Erscheinung, daß sich ein Bild in den Hauptstrichen ohne wesentliche Irrtümer zeichnen läßt. Eine Erkenntnis, die nicht die volle Wahrheit trifft, ist nicht wertlos, wenn sie nur im Kern richtig ist.

Das Gesamtproblem der Staatsfinanzen in der Kriegszeit und in der Inflationszeit nach dem Kriege hat drei verschiedene Seiten: Eine finanzpolitische, eine volkswirtschaftliche und eine sozialpolitische. Es liegt im Sinne der gestellten Aufgabe, daß hier die finanzpolitische Seite am stärksten betont wird. Die Erörterung der volkswirtschaftlichen und der sozialpolitischen Probleme kann um so eher zurückgestellt werden, als die hamburgischen Verhältnisse in dieser Hinsicht wegen der starken Verknüpfung mit den Reichsfinanzen keine Sonderheit bieten. Damit soll die Bedeutung der volkswirtschaftlichen und sozialpolitischen Gesichtspunkte keineswegs verkannt werden. Beispielsweise hat die Wirtschaftslage der Bevölkerung einen weitgehenden Einfluß auf die Gestaltung der Staatsfinanzen: die Verarmung ganzer Bevölkerungsschichten zwingt auf der Ausgabenseite zu vermehrten Aufwendungen im Wohlfahrtswesen, auf der Einnahmeseite zu besonderenMaßnahmen in der Steuerpolitik. Aber diese Gesichtspunkte dürfen die Hauptsache nicht verschleiern, daß die Grundlagen für alle staatliche Betätigung geordnete Finanzen sind. Aus diesem Grunde ist in der nachfolgenden Untersuchung der fiskalische Standpunkt bewußt in den Vordergrund gestellt. Da ein Staat mit zerütteten Finanzen der Auflösung entgegentreibt, zwingt das Selbsterhaltungsgebot heute dazu, früher anerkannte soziale Grundsätze zurückzustellen.

In der Darlegung sind die allgemeinen Erscheinungen, die während der Inflationszeit im ganzen Reich aufgetreten sind, zugunsten der hamburgischen Sondererscheinungen vernachlässigt worden, da sie in den verschiedenen Denkschriften der Reichsregierung an die Reparationsausschüsse eingehend behandelt sind. Als Grundlage hat das in Hamburg veröffentlichte amtliche Material gedient. Die einzelnen Angaben sind aus den Verhandlungen zwischen Senat und Bürgerschaft, den stenographischen Berichten der Bürgerschaft, den Staatshaushaltsplänen und -abrechnungen und dem hamburgischen Gesetz- und Verordnungsblatt geschöpft. Von einem genauen Nachweis, wo die Angaben im Einzelfalle zu finden sind, ist Abstand genommen, um den Druck nicht mit einem Wust von Anmerkungen zu belasten. Durch die Sachregister in den genannten Veröffentlichungen ist es leicht möglich, die angeführten Einzelheiten aufzufinden. Nur da, wo andere Quellen benutzt sind, ist ein besonderer Nachweis erfolgt.

Hamburg im April 1924. **Der Verfasser.**

I. Die Grundzüge der hamburgischen Finanzwirtschaft.

Das Budgetrecht, d. h. die Gesamtheit aller Rechte der Staatsgewalt hinsichtlich der Bewilligung und der Kontrolle der Einnahmen und Ausgaben, stand in Hamburg vor der Staatsumwälzung von 1918 dem Senat und der Bürgerschaft gemeinsam, seitdem steht es der Bügerschaft allein zu. Nach der hamburgischen Verfassung unterliegen der Staatshaushaltsplan, Nachforderungen, sowie sonstige Einnahmen und Ausgaben der Genehmigung der Bürgerschaft. Gegenstand der Gesetzgebung ist auch die Beschaffung von Geldmitteln im Wege des Kredits und der Übernahme einer Sicherheitsleistung zu Lasten des Staates[1]). In einzelnen besonders festgelegten Fällen ist der Bürgerausschuß, der aus dem Präsidenten und 20 Mitgliedern der Bürgerschaft besteht, zur Bewilligung von Ausgaben befugt.[2]). Die Finanzhoheit des hamburgischen Staates ist hinsichtlich der Erhebung von Steuern durch Reichsgesetze stark beschränkt.

Bezeichnend für den Stadtstaat Hamburg ist die Vereinigung des Staatshaushaltes mit dem Stadthaushalt. Eine Scheidung der städtischen von den staatlichen Finanzen ist kaum durchführbar, ein Vergleich mit andern deutschen Ländern und Städten, abgesehen von Bremen und Lübeck, daher nicht möglich. Die Stadt Hamburg hat keine kommunale Selbständigkeit, ihre Gemeindeangelegenheiten werden in derselben Weise wie die Staatsangelegenheiten vom Senat und der Bürgerschaft geleitet. Zu einer selbständigen Betätigung auf vermögensrechtlichem Gebiet hat es bisher an Veranlassung gefehlt[3]). Die Städte Bergedorf und Cuxhaven sowie die Gemeinden des Landgebietes führen jede ihren eigenen Haushalt und erhalten zur Bestreitung ihrer kommunalen Bedürfnisse besondere Zuschüsse. Ihre Teilnahme an den staatlichen Steuereinnahmen ist durch Gesetz geregelt.

Die Grundsätze der öffentlichen Wirtschaftsführung waren früher in verschiedenen Gesetzen und Verordnungen verstreut (Finanzplan von 1814, revidiertes Gesetz über die Organisation der Verwaltung vom 2. November 1896, Bestimmungen betr. das

---

[1]) Art. 63 und 64 der Verfassung.

[2]) Art. 31 der Verfassung.

[3]) Nur einmal ist durch Gesetz vom 13. Jan. 1919 betr. die Verfassung der Stadtgemeinde Hamburg und die Erhebung einer Gemeindeeinkommensteuer der Versuch gemacht worden, die Aufgaben des Staates von denen der Stadtgemeinde zu trennen. Durch die Reichsfinanzreform wurde die Erhebung dieser Steuer unmöglich. Ein Versuch, für statistiche Zwecke die Trennung zwischen Staats- und Gemeindefinanzen durchzuführen (Zacharias, Die Finanzen der Stadt Hamburg im Jahre 1883), ist wenig glücklich.

Revisions- und Kontrollbüro vom 23. August 1899, Vorschriften für die Kassen- und Buchführung bei den hamburgischen Behörden und Gerichten vom 3. Januar 1910). Die verstreuten gesetzlichen Bestimmungen und die auf Gewohnheitsrecht gestützte Übung wurde in der Staatshaushaltsordnung vom 22. Dezember 1922 zu einem einheitlichen Staatshaushaltsrecht zusammengefaßt.

Die sämtlichen Staatsausgaben und -einnahmen werden jedes Jahr in einem Voranschlag zusammengestellt, zu dem alle Behörden an einem bestimmten Termin ihre Sonderanschläge einreichen müssen. Dieser Entwurf zum Staatshaushaltsplan umfaßt alle bereits durch frühere Beschlüsse festgestellten oder durch den Entwurf beantragten Einnahmen und Ausgaben und zwar im ordentlichen Voranschlag die regelmäßigen Einnahmen und die ordentlichen Ausgaben, im außerordentlichen Voranschlag die durch Anleihen zu bestreitenden Ausgaben. Die ordentlichen Ausgaben umfassen sowohl die laufenden Ausgaben wie Gehälter, Löhne, Geschäftsbedarf und dergl., wie auch die einmaligen Ausgaben von gewisser Regelmäßigkeit, z. B. Ausgaben für Reparaturen, Neubeschaffungen und dergl. Sie kehren meist in jedem Rechnungsjahr wieder und lassen sich in gewissem Umfange vorausbestimmen. Unter den außerordentlichen Bedarf fallen Ausgaben, die nur in unregelmäßigen Zeitfolgen auftreten, besonders die einmaligen großen Aufwendungen der Bau- und Betriebsverwaltungen und die Grunderwerbskosten. Da diese Aufwendungen durch Anleihen gedeckt werden müssen und nicht aus den laufenden Einnahmen bestritten werden können, könnte man sie auch als Anleiheausgaben bezeichnen. Im Staatshaushaltsplan sind allerdings nicht sämtliche Einnahmen und Ausgaben enthalten, wie z. B. die mehrere Jahre erhobene Abgabe zur Förderung des Wohnungsbaues, deren Aufkommen in vollem Umfange für Neubauzwecke verwandt wurde, oder der Grunderwerbsfonds, für den ein Voranschlag seiner Natur nach nicht in Frage kommt. Auch werden im Laufe des Rechnungsjahres eine große Reihe von Ausgaben nachbewilligt, die erst in der Staatshaushaltsabrechnung nach zwei Jahren zur Darstellung gelangen. Während der Zeit der größten Geldentwertung hat der Haushaltsplan keine praktische staatsrechtliche Bedeutung mehr gehabt, sondern nur die eines wirtschaftlichen Programms. Trotzdem konnte er zur Aufrechterhaltung einer geordneten Wirtschaftsführung nicht entbehrt werden.

Da der Staatshaushaltsplan für das neue Rechnungsjahr von der Bürgerschaft meist nicht rechtzeitig genug genehmigt wird, müssen die Ausgaben für das erste und manchmal auch für das zweite Vierteljahr im Vorwege pauschal bewilligt werden. In solchen Fällen wird die Finanzdeputation ermächtigt, die für die Staatsverwaltung erforderlichen Ausgaben einstweilen bis zum vierten Teile oder bis zur Hälfte des vorgelegten Entwurfs zu bestreiten. Die Ermächtigung erfolgt unter dem Vorbehalt, daß hierunter keine Neubauten noch sonstige neue Anlagen und keine Neuanstellungen von Beamten begriffen sind. Eine Überschreitung des bewilligten Viertels ist nur bei solchen Ausgaben zulässig, die sich ihrer Natur nach nicht gleichmäßig über das ganze Jahr verteilen, sondern vorzugsweise in den ersten Monaten des Rechnungsjahres zur Verwendung gelangen.

Der hamburgische Staatshaushaltplan ist geschlossen und gebunden, d. h. alle Auszahlungen der Hauptstaatskasse erfolgen nur auf bestimmte Ansätze des Haushaltsplanes, und die einzelne Behörde darf die bewilligten Mittel nur für die genehmigten Zwecke verwenden und nicht auf andere Ansätze übertragen. Die Auszahlungen der Hauptstaatskasse, an die alle Gerichte und Behörden ihre Einnahmen abliefern müssen, setzen eine Anweisung auf einen bestimmten Ansatz des Staatshaushaltsplanes voraus. Nachträgliche Bewilligungen werden so behandelt, als ob sie schon mit dem Haushaltsplan selbst bewilligt wären. Jede Bewilligung gilt als erloschen, wenn nicht mit der Verausgabung bis zu einem bestimmten Termin begonnen ist. Die tatsächlichen Ausgaben werden in einer Staatshaushaltsabrechnung zusammengestellt und der Bürgerschaft vorgelegt.

Die Kontrolle der Wirtschaftsführung der einzelnen Behörden erfolgte früher durch das Revisions- und Kontrollbüro der Finanzdeputation, jetzt nach Inkrafttreten der neuen Staatshaushaltsordnung durch das Rechnungsamt. Die Prüfung ist nicht nur eine formelle und rechnerische, sondern auch eine materielle und wirtschaftliche. Sie erstreckt sich auch darauf, ob die Einzelbehörden mit der gebotenen Sparsamkeit wirtschaften. Das Rechnungsamt, das der Finanzdeputation angegliedert ist, ist zwar selbstständig, doch läßt sich seine Stellung mit der Stellung des Rechnungshofes in andern Ländern nicht vergleichen. Der Direktor des Rechnungsamtes untersteht der Dienstaufsicht des Senats, während der Rechnungshof im Reich oder die Oberrechnungskammer in Preußen nur der parlamentarischen Kontrolle unterliegen. Eine Eigenart Hamburgs ist auch die kostspielige Anweisungs- und Überschreitungskontrolle durch das Rechnungsamt, die vor jeder Zahlung ausgeübt wird. Wahrscheinlich würde die nachträgliche Kontrolle genügen, um unberechtigte Ausgaben zu verhindern; zum mindesten müßte eine Überschreitungskontrolle bei der Hauptstaatskasse genügen.

Das Organ des hamburgischen Fiskus zur Durchführung seiner finanziellen Maßnahmen ist die Finanzdeputation, die aus Senatsmitgliedern und bürgerlichen Deputierten besteht. Sie schließt alle die Staatskasse bindenden Verträge ab und vertritt den Staat in vermögensrechtlicher Hinsicht. Ihr unterstehen die Hauptstaatskasse, die Staatsschuldenverwaltung mit der Hinterlegungsstelle für die dem Staate bestellten Sicherheiten, die Verwaltung des Staatsgrundeigentums, der Pachtgüter und der Forsten, und die Verwaltung der Staatslotterie. Ihre Aufgabe ist ferner der An-

und Verkauf von Grundstücken, die Ab- und Vermietung von Gebäuden und Plätzen, die Verpachtung von Jagden, Fischereien und dergl. und die Ausschreibung der Leistungen und Lieferungen für den Staat. Auch ist ihr die Verwaltung einzelner Steuern überwiesen.

Die veränderten wirtschaftlichen Verhältnisse in der Inflationszeit veranlaßten die Bürgerschaft, ihr Budgetrecht zum Teil auf die Finanzdeputation zu übertragen. Durch einen Beschluß vom 5. Februar 1923 wurde diese vorläufig ermächtigt, die Ausgaben für unabweisbare laufende Bedürfnisse auch über die durch den Staatshaushaltsplan bewilligten Beträge hinaus zu bestreiten, mit der Maßgabe, daß die nachträgliche Bewilligung der Bürgerschaft am Schluß des Rechnungsjahres zu beantragen war. Diese Maßnahme wurde erforderlich, um die Bürgerschaft von den dauernden Nachbewilligungen zu entlasten und die Ausgabenbewilligung abzukürzen. Sie wurde nur dadurch möglich, daß die Bürgerschaft der Finanzdeputation ein Vertrauen schenkte, das in der Vorkriegszeit nicht üblich war. Die Finanzdeputation setzte eine eigene Kommission ein, der aus jeder Fraktion der Bürgerschaft ein Mitglied angehörte und die regelmäßige Sitzungen abhielt. Dadurch wurde vermieden, daß der Bürgerschaft immer neue Nachbewilligungsanträge vorgelegt werden mußten. Gegenüber diesem Vorteil darf aber nicht übersehen werden, daß damit ein Schritt rückwärts in die Zeit der geheimen Finanzwirtschaft getan wurde, zumal eine Rechnungslegung über die Jahre 1922 und 1923 unmöglich ist und wohl nicht erfolgt.

II. Der Staatshaushalt von 1914 bis 1924.

1. Vom Kriegsausbruch bis zur Revolution.

Bei Ausbruch des Krieges im August 1914 befand sich Hamburg in einer finanziell durchaus günstigen Lage. Der Gesamtbetrag der Staatsschuld hatte sich zwar seit 1903 von 481 Millionen auf 842 Millionen Mark verdoppelt, doch hatten auch die Einnahmen ständig zugenommen. Das Rechnungsjahr 1913, das mit einem Fehlbetrage von 183 583 Mk. abschloß, war noch durchaus normal. Bis 1910 waren in den einzelnen Jahren meist Überschüsse erzielt. Seit 1911 hatten sich Fehlbeträge eingestellt, die sich aber in engen Grenzen hielten und unbedenklich durch Anleihen gedeckt werden konnten[1]). Mit dem Jahre 1914 setzte die Fehlbedarfswirtschaft ein.

Der Krieg machte die Bereitstellung außerordentlicher Mittel für den militärischen Sicherheitsdienst, für die Einstellung von Polizeihilfskräften und Postenleuten, später auch für die Unterstützung der Angehörigen von Kriegsteilnehmern, für Teurungszulagen an Beamte, für Erwerbslosenunterstützungen, für die Speisung bedürftiger Schulkinder und die Einrichtung von Kriegsküchen und für ähnliche Aufgaben erforderlich. Bereits am 6. August 1914 wurden für diesen Zweck 5 Millionen Mark bewilligt und eine besondere Kommission von 10 bürgerschaftlichen Vertrauensmännern eingesetzt, die zusammen mit dem Senat über die Verwendung der Mittel zu befinden hatte. Im Laufe des Krieges wurden für den gleichen Zweck fast jeden Monat neue Summen bewilligt, und zwar: 1914: 25 Millionen, 1915: 60 Millionen, 1916: 100 Millionen, 1917: 140 Millionen, 1918: 23 Millionen, zusammen 348 Millionen Mark. Neben diesen außerordentlichen Mitteln wurden Mehraufwendungen im ordentlichen Etat erforderlich, u. a. für die Einrichtung von Kriegslazaretten in den Krankenhäusern, für die Einstellung von Hilfskräften anstelle der einberufenen Beamten, Angestellten und Staatsarbeiter, für Gehalts- und Lohnfortzahlungen sowie für die Gewährung von Kriegsbeihilfen an staatliche Angestellte und Arbeiter während des Kriegsdienstes oder bei der freiwilligen Krankenpflege, zur Bekämpfung der Arbeitslosigkeit, in der Armenpflege und für Obdachlose. Alle diese Mittel ließen sich nur durch kurzfristige Anleihen beschaffen, für deren Verzinsung weitere Aufwendungen nötig wurden. Bis Ende 1914 waren bereits rund 100 Millionen Mark zeitweiliger Anleihen im Umlauf. Bis Kriegsende wuchs die schwebende Schuld auf rund 1 Milliarde Mark. Um die Höhe dieser Summe zu ermessen, sei vergleichsweise erwähnt, daß die schwebende Schuld Ende 1913

[1]) Einzelheiten im Statistischen Jahrbuch für den hamburgischen Staat 1920.

nur 60 Millionen Mark betrug. Einen Teil der Aufwendungen hatte zwar das Reich an Hamburg zu vergüten, doch erfolgte die Verrechnung sehr langsam. Erst 1916 wurde die erste Anzahlung vom Reich geleistet.

Die außergewöhnlichen Verhältnisse der Kriegszeit bedingten auch die Schaffung einer Reihe von neuen Organisationen, unter denen die Kriegsversorgung die Hauptrolle spielte. Bereits im Februar 1915 wurde für den Ankauf von Lebens- und Futtermitteln die Behörde für Kriegsversorgung geschaffen, der im Laufe des Jahres 30 Millionen Mark zur Verfügung gestellt wurden. Im September 1916 wurde diese Behörde in ein Kriegsversorgungsamt umgewandelt. Dies wurde nach kaufmännischen Gesichtspunkten mit einer eigenen Kasse organisiert, so daß die sonst vorgeschriebene, vorgängige Anweisungskontrolle für alle Zahlungen durch das Revisions- und Kontrollbüro fortfallen konnte, die die Tätigkeit der früheren Behörde für Kriegsversorgung sehr erschwert hatte. Dem neuen Kriegsversorgungsamt wurden zunächst 12 Millionen Mark Vorschuß bewilligt, die sich bis zum Dezember 1918 auf rund 70 Millionen erhöht hatten. Man hoffte, daß diese Vorschüsse an den Staat zurückgegeben würden, denn das Kriegsversorgungsamt sollte so arbeiten, daß zwar keine Gewinne erzielt wurden, aber die Ausgaben durch die Einnahmen gedeckt würden. Dies Ziel ist nur rechnungsmäßig erreicht worden, da der Verkauf der angesammelten Bestände bei der allgemeinen Preissteigerung gegen Ende des Krieges nicht mehr zu solchen Preisen erfolgen konnte, daß die Unkosten tatsächlich gedeckt wurden. In der Nachkriegszeit mußten noch mehrfach Nachschüsse geleistet werden.

Eine weitere wichtige Kriegsmaßnahme war die Organisation der Arbeitsvermittlung. Allerdings war die Arbeitslosigkeit während des Krieges gering. Nur während des Winters 1914/15 herrschte unter den älteren, nicht mehr heerespflichtigen Leuten eine größere Arbeitslosigkeit, die man durch Notstandsarbeiten zu beheben suchte. Dann trat ein grundlegender Umschwung auf dem Arbeitsmarkt ein. Infolge des Aufschwungs der Kriegsindustrie entstand bald ein Arbeitermangel. Erst Mitte November 1918 setzte mit der Demobilmachung die Arbeitslosigkeit unter den jüngeren aus dem Heeresdienst entlassenen Leuten wieder ein. Aber bereits 1917 wurde, veranlaßt durch das Reichsgesetz über den vaterländischen Hilfsdienst, ein allgemeiner gemeinnütziger Arbeitsnachweis eingerichtet, der vom Staat jährlich mit 135000 Mk unterstützt wurde. Für die Umstellung der Kriegs- in die Friedenswirtschaft wurde dieser gemeinnützige Arbeitsnachweis Anfang November 1918 in ein Arbeitsamt umgewandelt, das zunächst dem Kriegsversorgungsamt angegliedert und mit 3 Millionen Mark ausgestattet wurde. Dem neugeschaffenen Arbeitsamt wurde auch die Erwerbslosenunterstützung übertragen, die bis dahin von der Kriegshilfe geleistet war. Im Dezember 1918 wurden dann für Notstandsarbeiten weitere 5 Millionen Mark ausgeworfen.

Endlich ist an dieser Stelle noch der verschiedenen Kreditorganisationen zu gedenken, die, vermutlich schon vor Kriegsausbruch im wirtschaftlichen Mobilmachungsplan vorbereitet, gleich nach Kriegsausbruch geschaffen wurden, wenn sie auch für die hamburgischen Finanzen geringe Bedeutung hatten. Allgemein wurde befürchtet, daß im Augenblick der Kriegserklärung mit der Schließung der Börsen und mit der Aufhebung der Einlösung der Reichsbanknoten gegen Gold nachteilige Kreditschwierigkeiten eintreten würden. Wenn die Kreditkrisis tatsächlich nicht in voller Schwere in Erscheinung getreten ist, so ist die Abschwächung zum Teil auf die Wirkung der Reichsdarlehnskassen zurückzuführen, die bereits am 5. August 1914 in Tätigkeit traten. Zum Teil haben auch die von Hamburg geschaffenen Kreditorganisationen, die Hamburgische Bank von 1914, die Beleihungskasse für Hypotheken und die Hilfskasse für Gewerbetreibende, diese günstige Wirkung auf den Kreditmarkt gehabt. Die Hamburgische Bank von 1914 war eine Aktiengesellschaft gemischtwirtschaftlichen Charakters unter Beteiligung des hamburgischen Staates, die der hamburgischen Kaufmannschaft Akzeptkredite gewährte. Der Gesellschaftsvertrag wurde am 10. August festgestellt. Der Staat beteiligte sich mit 5 Millionen Mark an der Zeichnung der Aktien, während 10 850 000 M durch private Zeichnungen aufgebracht wurden. Eingezahlt wurden aber nur 25 % des Aktienkapitals. Die Bank gewährte Akzeptkredit im eigentlichen Sinne, indem sie einen auf sich selbst gezogenen Wechsel akzeptierte. Der Kreditnehmer erhielt die Valuta nicht direkt von der Bank, sondern von einem Dritten, demgegenüber er den Wechsel durch Verkauf oder Übertragung an Zahlungsstatt verwertete. Die Wechselakzepte der Hamburgischen Bank erfreuten sich im freien Verkehr großer Gunst und waren zum niedrigsten Privatsatz gesucht[1]). Die Tätigkeit der Bank hat sich nach ihren eigenen Angaben in mäßigen Grenzen gehalten und nicht den erwarteten Umfang erreicht. Die Gesamtsumme der zur Verfügung gestellten Kredite belief sich nur auf rund 13 750 000 Mark. Die geringe Inanspruchnahme ist wohl darauf zurückzuführen, daß bereits Anfang September eine weitere Entspannung auf dem Kreditmarkte eintrat und um Weihnachten 1914 der Reichsbankdiskont auf 5 % herabgesetzt wurde. Trotzdem wurde die Gesellschaft erst am 31. Januar 1920 aufgelöst. Die zur Verteilung kommende Dividende betrug während der ganzen Dauer des Unternehmens 4 % jährlich, der weitere Überschuß wurde satzungsgemäß zu gemeinnützigen Zwecken verwandt. Der Staat hat das eingezahlte Kapital in vollem Umfange zurückerhalten.

Einen ähnlichen Zweck verfolgte die am 6. August geschaffene Beleihungskasse für Hypotheken. Während die Reichsdarlehnskassen die Aufgabe hatten, Waren, gewerbliche Erzeugnisse sowie Wertpapiere zu beleihen, sollte die Beleihungskasse dem Kredit-

[1]) Robert Deumer, Der private Kriegskredit und seine Organisation, S. 110 und 140.

bedürfnis von Handel und Gewerbe dadurch Rechnung tragen, daß sie sichere Hypotheken belieh. Hierdurch sollte eine Beleihungsmöglichkeit für diejenigen Geldgeber geschaffen werden, die ihre Vermögen in Hypotheken angelegt hatten. In Hamburg besteht die Eigenart, daß die Beleihung der Grundstücke in den seltensten Fällen durch Hypothekenbanken erfolgt. Die Hamburgische Hypothekenbank hat ihre Hypotheken meist in Preußen angelegt, erst in neuerer Zeit sind einige große Hypotheken für den Bau von Kontorhäusern in Hamburg gegeben. Die hamburgischen Grundstücke sind meist mit einer Reihe von sog. „Zwerghypotheken" belastet, viele davon sind ohne Vermittlung einer Hypothekenbank von „Testamenten" gegeben, die mit eigener Rechtspersönlichkeit ausgestattet und eintragungsfähig sind. Da keine Pfandbriefe bestehen, konnten die Gläubiger auch keinen Kredit von den Reichsdarlehnskassen erhalten. Deshalb mußte eine besondere Organisation geschaffen werden. Die einzige ähnliche Gründung im Reich war die Berliner Kriegsbeleihungskasse, die als ein gemischtwirtschaftliches Unternehmen mit Beteiligung der Stadtgemeinde Berlin und der Organisationen der Grundbesitzer gegründet wurde[1]). Demgegenüber war die Hamburgische Beleihungskasse eine rein staatliche Einrichtung mit den Rechten einer selbständigen juristischen Person, der vom Staat 200 Millionen Mark als Darlehen zur Verfügung gestellt wurden. Zunächst wurde sie nur für die Beleihung erstklassiger Hypotheken in Anspruch genommen. Als später das Geld auf dem offenen Markte flüssiger und billiger wurde, wurden auch zweite Hypotheken und Grundstücke in den Bereich der Kasse gezogen. Trotzdem entsprach die Inanspruchnahme nicht den Erwartungen. Bis Ende 1918 wurden 1482 Darlehen im Gesamtbetrage von rund 30 Millionen Mark gewährt, die zum Teil in entwertetem Gelde zurückgezahlt wurden[2]). Nach Kriegsende blieb die Beleihungskasse bestehen, erhielt aber andere Aufgaben.

Die Hilfskasse für Gewerbetreibende endlich sollte kleinen Gewerbetreibenden, insbesondere Detaillisten und Handwerkern Darlehen für die Aufrechterhaltung ihrer Betriebe gewähren. Da man von diesen Kreisen die Aufbringung von Kapitalien nicht erwarten konnte, wurde eine eigenartige Haftung der Darlehnsnehmer für etwaige Verluste verlangt. Für den Garantiefonds in Höhe von 6 Millionen Mark sollte die Finanzdeputation die Hälfte als Darlehen geben, die andere Hälfte sollten die Gewerbetreibenden zeichnen und einen entsprechenden Teil des etwaigen Verlustes mittragen. Die Zahl der freiwilligen Garantiezeichner betrug 1 500. Die Kasse hat bis zu ihrer Auflösung im April 1922 im ganzen 1 778 Darlehen in einem Gesamtbetrage von $2^3/_4$ Millionen Mark gewährt, meist zu einem Zinsfuß von 5%. Als 1919 der Geldmarkt flüssiger wurde, wurde sie kaum noch in Anspruch genommen; das letzte

[1]) Robert Deumer, Das Hamburgische Hypothekenkreditwesen, S. 108.
[2]) Nach den Akten der Beleihungskasse.

Darlehen wurde im Februar 1922 ausgegeben. Die Darlehen wurden fast restlos zurückgezahlt, der Ausfall war so gering, daß es sich nicht lohnte, die Garanten heranzuziehen. Immerhin hat der Staat insofern einen Verlust gehabt, als er die während des Krieges ausgezahlten Gelder später in entwerteter Form zurückerhielt und die Bürokosten und die Besoldung des Kassenführers trug.

Die guten Erfahrungen mit der Hilfskasse für Gewerbetreibende waren der Anlaß, daß im Februar 1918 drei weitere Darlehnshilfskassen für die zurückkehrenden Kriegsteilnehmer geschaffen wurden und zwar je eine bei der Handelskammer, der Detaillistenkammer und der Gewerbekammer. Diese Kassen sollten kleineren Unternehmern, Handwerkern und Kleinhändlern nach ihrer Rückkehr aus dem Kriege Darlehen für die Wiederaufrichtung ihrer Erwerbstätigkeit gewähren. Der Staat stellte für diesen Zweck zunächst 6 Millionen Mark bereit, verlangte aber wieder die Zeichnung eines Garantiefonds aus privaten Kreisen. Von diesen drei Kassen wurde die Darlehnskasse der Gewerbekammer der alten Hilfskasse für Gewerbetreibende angegliedert. Sie nahm am 2. Dezember 1918 ihre Tätigkeit auf und wurde in den ersten Monaten lebhaft in Anspruch genommen. Im ganzen sind 438 Anträge befriedigt, zunächst durchschnittlich in Höhe von 3000—7500 Mark, später infolge der Geldentwertung auch in höheren Beträgen. Das letzte Darlehn wurde im Februar 1923 gegeben, die Auflösung erfolgte Januar 1924. Der Staat hat im ganzen 4,7 Millionen Mark hergegeben und nominell zurückerhalten. Auf den Garantiefonds waren 1,46 Millionen Mark gezeichnet, er wurde aber nicht in Anspruch genommen[1]). Die Darlehnskasse der Detaillistenkammer hat bis zum 30. September 1922 bestanden und 605 Darlehen in einem Gesamtbetrage von 3260500 Papiermark gegen 5%ige Verzinsung gewährt. Der Staat hat im ganzen nur 2,44 Millionen Mark zur Verfügung gestellt, da zurückgezahlte Beträge erneut wieder ausgeliehen wurden. Das Geld erhielt der Staat Dezember 1923 völlig entwertet zurück. Auch diese Kasse hat sich in der ersten Nachkriegszeit gut bewährt, später nahm ihre Tätigkeit ab. Dagegen wurde die Darlehnshilfskasse bei der Handelskammer kaum in Anspruch genommen (nur mit 10500 Mk.) und bald wieder aufgelöst[2]).

Den vermehrten Ausgaben standen Ausfälle in den Einnahmen gegenüber. Die Ausfälle entstanden hauptsächlich im Hafenbetriebe durch die starke Abnahme des Hafenverkehrs, dann aber auch durch den Ausfall der Staatslotterie und durch Verminderung einiger besonders durch den Krieg in Mitleidenschaft gezogenen Einnahmequellen (Immobilienabgabe, Beleuchtungswesen u. a.). Nur langsam vermochte sich der Gedanke durchzusetzen, daß der Versuch gemacht werden müsse, die Ausfälle durch ein Anziehen der Steuer-

---

[1]) Nach den Angaben der Gewerbekammer.

[2]) Angaben der Detaillisten- bezw. Handelskammer. Hinsichtlich der juristischen Form der Kassen vergl. Gesetz v. 6. Febr. 1918.

schraube zu beseitigen. Zunächst wurde versucht, die Haupteinnahmequelle, die Einkommensteuer, ergiebiger zu gestalten. Das Einkommensteuergesetz stammte vom Januar 1914. Wenn auch mehrfache Erwägungen schwebten, das ganze Gesetz zu ändern, begnügte man sich doch im Jahre 1915 zunächst damit, die Steuereinheiten von $7^1/_2$ auf $8^1/_2$ zu erhöhen. Dabei ging man von der falschen Voraussetzung aus, daß der Fehlbetrag des Rechnungsjahres 1915 nur 27 Millionen Mark betragen würde. Tatsächlich stellte er sich aber auf 97 Millionen Mark. Das führte 1916 dazu, nicht nur die Einkommensteuer auf 10 Einheiten zu erhöhen, sondern sich auch nach neuen Steuerquellen umzusehen. Die Einkommensteuer selbst wurde erst Anfang 1919 geändert. Damals wurde im Steuertarif eine schärfere Staffelung eingeführt und neben den 10 Einheitssätzen der Staatseinkommensteuer noch 2 weitere Einheitssätze einer besonderen Gemeindeeinkommensteuer eingeführt. Vorher wurde aber schon im Januar 1917 eine besondere Vermögenssteuer neu eingeführt. Sie wurde nach dem Vorbild der Einkommensteuer beweglich gestaltet, und es wurde für beide Steuerarten die gleiche Zahl von Steuereinheiten erhoben. Der Ertrag entsprach den Erwartungen. Die Vermögenssteuer warf 1917 und 1918 je rund 12 Millionen und 1919 rund 19 Millionen Mark ab. Anderseits ging der Ertrag der hamburgischen Erbschaftssteuer zurück, da sie infolge Erhebung des Wehrbeitrages für das Reich ermäßigt werden mußte, soweit sie direkte Abkömmlinge betraf. Der Ertrag der übrigen Steuern wies keine wesentlichen Veränderungen auf. Bemerkenswert ist das Ergebnis der Veranlagung zum Wehrbeitrag im Jahre 1913. Danach betrug das steuerbare Gesamtvermögen der hamburgischen Bevölkerung damals noch rund 5 Milliarden Goldmark, ein Betrag, der sich durch die Inflation der Nachkriegszeit wohl auf einen Bruchteil reduziert hat.

Die wachsenden Fehlbeträge der einzelnen Rechnungsjahre zwangen den Senat dazu, sich 1916 nach weiteren neuen Einnahmequellen umzusehen. Damals trat zuerst der Gedanke auf, der später eine erhöhte Bedeutung erlangte, eine Deckung für das Defizit durch Erhöhung der Wasser-, Gas- und Elektrizitätspreise zu schaffen. Diese Einnahmequellen weisen für den Staat den großen Vorteil auf, daß sie mit jeder Erhöhung unmittelbar und ohne Vermehrung der Erhebungskosten erhöhte Erträge abwerfen. Sie sind aber vom Standpunkt des Verbrauchers aus durchaus unsozial, da sie in ihrer rohen Form die schwächsten Kreise am stärksten belasten und in ihrer Wirkung den unsozialen Kopfsteuern ähnlich sind. Der Senat beantragte zunächst im Juli 1916 die Erhöhung des Wassergeldes von 11 auf 14 Pfg. und des Gaspreises von 14 auf 16 Pfg., wobei allerdings auch die Erhöhung der Kohlenpreise mitsprach. Die Bürgerschaft genehmigte zunächst nur die Erhöhung des Gaspreises. Als am 1. August 1917 die Reichskohlensteuer in Kraft trat, gab dies den Anlaß, den Elektrizitätspreis und bald darauf auch den Gaspreis nochmals auf 20 Pfg. zu erhöhen. Das Wassergeld wurde erst im Juli 1918 von 11 auf 15 Pfg. erhöht.

Den Anträgen des Senats, die in solcher Art auf eine Erhöhung der Einnahmen hinzielten, folgte die Bürgerschaft nur mit einem gewissen Widerstreben. Für die Auffassung der Bürgerschaft, in der die Grundeigentümer einen starken Einfluß hatten, ist ihre Stellungnahme zur Grundsteuer kennzeichnend. Schon im Februar 1915 wollte sie die Grundsteuer für alle nicht eingehenden Mieten allgemein durch ein besonderes Gesetz erlassen. Der Senat lehnte das wegen der weitgehenden Folgen für alle anderen Steuerschuldner ab, zumal die Steuerdeputation bei Mieteausfällen weitgehende Stundung für Grundsteuerschulden eintreten ließ. Trotzdem wiederholte die Bürgerschaft im Dezember 1915 ihren Beschluß. Der Senat lehnte mit Rücksicht auf den bedeutenden Ausfall an Einnahmen erneut den allgemeinen Erlaß der Grundsteuer ab. Er begründete seinen Standpunkt auch damit, daß die Grundsteuer nicht eine das Einkommen aus dem Grundeigentum treffende zweite Einkommensteuer, sondern eine vom Werte des Grundstücks dauernd zu entrichtende Last sein soll, für die schon beim Grundstückserwerb durch eine entsprechend niedrige Bemessung des Kaufpreises ein Ausgleich geschaffen ist. Der Einspruch des Senats hatte keine Wirkung. Die Bürgerschaft erreichte die Einsetzung einer Vermittlungsdeputation von Senats- und Bürgerschaftsmitgliedern nach Art. 70 der alten Verfassung. Diese kam nach längerer Verhandlung zu einem Kompromiß. Es wurde eine Ermäßigung im Reklamationswege zugestanden und ein besonderer Härteparagraph eingeführt, wonach die Steuerdeputation die geschuldete Grundsteuer zur Abwendung eines Zwangsversteigerungsverfahrens ganz oder teilweise erlassen konnte, soweit die Grundsteuer nicht aus einem den Ertrag von 3600 Mk. übersteigenden steuerbaren Gesamteinkommen genommen werden konnte. Wie wenig die Befürchtungen der Bürgerschaft hinsichtlich der Leistungsfähigkeit der Steuerschuldner begründet waren, ergibt sich daraus, daß sich die tatsächlichen Erträge an Grundsteuer bis 1918 kaum geändert haben.

Die Steuerpolitik der Kriegsjahre war von der Auffassung beherrscht, daß man trotz der ständig wachsenden Fehlbeträge im Staatshaushalt die Bevölkerung, die schon an den anderen Folgen des Krieges genügend zu tragen hatte, nicht noch mit einer starken Besteuerung belasten durfte. So war man gezwungen, für die wachsenden Ausgaben immer neue Anleihen aufzunehmen. Allerdings konnte es sich nur um kurzfristige Anleihen handeln, da die Aufnahme langfristiger Anleihen wegen ihrer Konkurrenz mit den Kriegsanleihen des Reiches nicht möglich war. Die Folge war, daß die fundierten Anleihen sich bis Ende 1918 kaum änderten, die zeitweiligen Anleihen aber um fast eine Milliarde Mark zunahmen. 1917 wurde auch die außerordentliche Tilgung der älteren Staatsanleihen eingestellt. Diese eigenartige Finanzpolitik läßt sich nur mit den besonderen Kriegsverhältnissen rechtfertigen.

Hamburg folgte darin den Bahnen, die vom Reich vorgezeichnet waren. Die Finanzpolitik jener Zeit wurde durch den allgemeinen Optimismus bestimmt, der mit einem glücklichen Ausgang des Krieges rechnete.

2. Von der Revolution bis zur Reichsfinanzreform.

Die Revolution hatte auf die Gestaltung der Einnahmen und Ausgaben des Staates keinen unmittelbaren Einfluß. Dem am 6. November 1918 eingesetzten provisorischen Arbeiter- und Soldatenrat lagen während seiner 5tägigen Regierungszeit finanzielle Sorgen fern. Aber auch der am 11. November gewählte endgültige Arbeiter- und Soldatenrat, der die politische Macht bis zum 28. März 1919 ausübte, war zu einer Regelung des Finanzwesens unfähig. Er erließ schon am 18. November 1918 auf Grund eines vom Senat ausgearbeiteten Entwurfs eine Bekanntmachung, die zur Aufrechterhaltung der hamburgischen Verwaltung, insbesondere des hamburgischen Finanzwesens dienen sollte. Sie bestimmte, daß die Mitglieder des früheren Senats und der früheren Bürgerschaft bis zur Konstituierung einer neuen Bürgerschaft, unbeschadet der Ausübung der politischen Gewalt durch den Arbeiter- und Soldatenrat, die Verwaltungs- und Finanzangelegenheiten wie bisher erledigen sollten.[1]) Tatsächlich tagte die alte Bürgerschaft bis zum 19. März 1919 weiter und bestimmte zusammen mit dem Senat Einnahmen und Ausgaben in alter Weise. Gegen ihre Beschlüsse stand dem Arbeiter- und Soldatenrat das Vetorecht zu, doch hat er hiervon, soweit bekannt, nicht Gebrauch gemacht. Dem Senat wurden vier Vertreter, der Finanzdeputation ein Vertreter des Arbeiter- und Soldatenrats als Beigeordnete beigegeben. In einer Bekanntmachung vom 18. November wurde weiter bestimmt, daß die früheren Gesetze in Kraft bleiben sollten und alle Steuern wie bisher zu entrichten wären. Das sind die beiden einzigen Verordnungen von den etwa 140 Gesetzesbefehlen der hamburgischen Revolutionsregierung, die sich mit Finanzfragen beschäftigen. Auch sind sie ebenso wenig wie alle anderen Verordnungen im Hamburgischen Amtsblatt veröffentlicht, in dem nur die eine Verordnung über die Wahlen zur Verfassunggebenden Bürgerschaft enthalten ist.

Mittelbar hat die Revolution auf die Gestaltung der hamburgischen Finanzen einen bedeutenden Einfluß gehabt, wenn er auch im einzelnen schwer nachweisbar ist. Die unruhige Zeit, die eine geordnete Verwaltungstätigkeit erschwerte, ließ für finanzielle Sanierungsmaßnahmen keinen Raum. Am stärksten trat die „Macht der Straße“ in der Höhe der Erwerbslosenunterstützungen in Erscheinung. Im Verfolg der Reichsverordnung über Erwerbslosenfürsorge vom 13. November 1918, die die Gemeinden verpflichtete, eine Fürsorge für Erwerbslose einzurichten, setzte am

[1]) Lampl, Das Groß-Hamburgische Revolutionsrecht, S. 34 und 36.

3. Dezember in Hamburg die regelmäßige Erwerbslosenunterstützung ein. In der Höhe der Unterstützungssätze war den Ländern und Gemeinden zunächst eine gewisse Freiheit gegeben, doch wurden bald vom Reich Höchstsätze festgesetzt, Hamburg hat diese Höchstsätze wesentlich überschritten, besonders bei den weiblichen Personen. Als am 16. März 1919 nach den Grundsätzen des Aufrufs des Rates der Volksbeauftragten in Berlin vom 16. November 1918 die neue Bürgerschaft gewählt war und der Arbeiter- und Soldatenrat am 23. März 1919 abgedankt hatte, hoffte man mit Wirkung vom 1. April die Unterstützungssätze den Reichssätzen anpassen zu können. Da setzten Mitte April neue, mit schweren Ausschreitungen verbundene Demonstrationen von Arbeitslosen ein, die am 26. April zu einer weiteren erheblichen Erhöhung der Unterstützungssätze führten. Die Einzelheiten sind aus der folgenden Zusammenstellung ersichtlich:

Höchstsätze f. werktägl. Erwerbslosenunterstzg.	Dez. 1918 PM	März 1919 PM	gleichztg. Reichssätze PM	14. April 1921 PM	10. Dez. 1923 GM
1 alleinst. Mann	4,—	5,—	5,70	7,50	0,70
1 alleinst. Frau	3,—	4,—	3,50	6,50	0,56
Ehepaar ohne Kinder ...	6,—	8,—	7,20	11,50	0,89
Jedes der 3 ersten Kinder	0,50	1,50	1,—	2,—	0,14

Auch wenn man berücksichtigt, daß der Teuerungsindex im Jahre 1918 auf 2,16 gestiegen war (1913 = 1) und im Laufe des Jahres 1919 weiter auf 4,12 stieg, müssen diese Unterstützungssätze sehr hoch erscheinen. Die zum Vergleich eingesetzten Goldsätze vom Dezember 1923 liegen allerdings so weit unter dem Existenzminimum, daß sie nicht als maßgebend angesehen werden können.

Die Zahl der unterstützten Personen betrug zunächst am 3. Dezember 1918: 35 000. Sie wuchs schnell bis zum März 1919 auf die Höchstzahl von 71 288 und nahm dann infolge der verschiedenen Demobilmachungsmaßnahmen langsam wieder ab. An Unterstützungen wurden im Dezember 1918 rund 1,7 Millionen Mark gezahlt, in den folgenden Monaten durchschnittlich rund 9 Millionen Mark, erst gegen Ende des Jahres nahm diese Summe ab. Bis zum Jahresschluß hatte Hamburg rund 150 Millionen Mark an Erwerbslosenunterstützung aufgewendet, von denen es nur einen geringen Teil vom Reich erstattet erhielt. Die monatliche Überschreitung der reichsrechtlichen Höchstsätze betrug durchschnittlich etwa 5 Millionen Mark, die Hamburg aus eigenen Mitteln tragen mußte. Das Vorgehen Hamburgs im April 1919 hatte für die preußischen Nachbargemeinden derartig nachteilige Folgen, daß das Reichsfinanzministerium zeitweilig mit der gänzlichen Einstellung der Reichszuschüsse drohte. Die hohen Unterstützungssätze beeinflußten die Entwicklung der Löhne in ungesunder Weise und förderten die Arbeitsunlust. Erst am 1. September 1919 gelang es, die reichsrechtlichen Höchstsätze zur Durchführung zu bringen. In den genannten Zahlen ist das Landgebiet nicht enthalten, das im Laufe des Jahres 1919 die Summe von 1,8 Millionen als Staatsanteil überwiesen erhielt.

In ähnlicher Weise wie die Erwerbslosenunterstützung gingen auch die Richtsätze für die Wohlfahrtsunterstützungen zunächst über das finanziell erträgliche Maß hinaus. Ein näheres Eingehen hierauf erübrigt sich. Auch die Teuerungszuschläge für Beamte, staatliche Angestellte und Arbeiter wurden am 1. April 1919 derart erhöht, daß gegenüber der bisherigen monatlichen Belastung von 9,5 Millionen noch eine Mehrbelastung von 3,5 Millionen Mark eintrat. Für die Fortführung der Brotversorgung mußten im Jahre 1919 weitere 155 Millionen Mark aufgewandt werden.

Zu diesen Ausgaben kamen noch Ausgaben in Höhe von rund 18 Millionen Mark für Notstandsarbeiten hinzu, die nur einen beschränkten Nutzen hatten. Zum größten Teil handelte es sich um Erdarbeiten, bei denen eine größere Zahl von Arbeitslosen untergebracht werden konnte. Im einzelnen sind die Erdarbeiten in Billwärder, Geesthacht, Moorfleth und Finkenwärder, die Arbeiten auf dem Erweiterungsgebiet des Ohlsdorfer Friedhofes und für die Herrichtung des Lübeckertorfeldes und des Hammer Parkes, sowie Erweiterungsanlagen der Gaswerke zu nennen. Von diesen Ausgaben wurde nur ein geringer Teil durch das Reichsministerium für wirtschaftliche Demobilmachung in Form von Überteuerungszuschüssen zurückerstattet. Die Unruhen im April führten auch dazu, im August eine neue Polizeitruppe zu schaffen, deren vorläufige Kosten den Staatshaushalt von 1919 mit 15 Millionen Mark belasteten. Allen diesen vermehrten Ausgaben standen so gut wie keine neuen Einnahmequellen gegenüber. Die am 28. März 1919 zum ersten Mal zusammengetretene, neue, verfassunggebende Bürgerschaft war zunächst von politischen Aufgaben derart in Anspruch genommen, daß sie für die Sanierung der Finanzen keine Zeit fand. Auch standen die Absichten des Reichs, durch eine Reichsfinanzreform das Steuerwesen völlig umzugestalten, der Erschließung neuer Steuerquellen im Wege. So wurden, abgesehen von der Erhebung eines Zuschlages zur Reichsgrunderwerbsteuer, keine neuen Steuern eingeführt. Nur der Gaspreis wurde am 1. Juni auf 36 Pfg. und der Elektrizitätspreis auf 80 Pfg. für Lichtstrom und auf 35 Pfg. für Kraftstrom festgesetzt.

Infolge der engen Verknüpfung der hamburgischen Finanzen mit denen des Reiches durch die Reichsfinanzreform wurde Ende des Jahres 1919 ein neues Rechnungsjahr eingeführt. Bis dahin fiel das hamburgische Rechnungsjahr mit dem Kalenderjahr zusammen, im Gegensatz zum Reich, wo seit 1877 das Rechnungsjahr am 1. April beginnt und am 31. März des folgenden Jahres schließt. Durch die Neuregelung wurde das hamburgische Rechnungsjahr dem Reichsrechnungsjahr angepaßt. Der Übergang wurde dadurch geschaffen, daß das Rechnungsjahr 1919 bis zum 31. März 1920 ausgedehnt wurde, also 15 Monate umfaßte.

Überblickt man das finanzielle Ergebnis dieser Zeitspanne, so weist sie mit einem Fehlbetrag von 370 Millionen Mark im Rechnungsjahr 1919 nominell das ungünstigste Ergebnis der hamburgischen Finanzgeschichte auf. In diesem Ergebnis spiegeln sich die Folgen des verlorenen Krieges und der Revolution wieder. Die Staatsschuld hatte den Gesamtbetrag von 2,3 Milliarden Mark erreicht. Allerdings war es gelungen, durch die Auflegung einer neuen Staatsanleihe ein Anwachsen der schwebenden Schuld zu verhindern, dafür hatte aber die fundierte Schuld um rund 400 Millionen Mark zugenommen. Nach dem Großhandelsindex in Gold umgerechnet, war allerdings die Staatsschuld durch die Geldentwertung auf 154 Millionen Goldmark zusammengeschrumpft. Die Meßziffer des Dollars war von 2 im Januar 1919 auf etwa 15 im April 1920 gestiegen.

3. Von der Reichsfinanzreform bis zum Ruhreinbruch.

Auf die weitere Entwicklung der hamburgischen Finanzen hatte die am 1. April 1920 in Kraft tretende Reichsfinanzreform den allergrößten Einfluß. Das Reich, das vor dem Kriege nur die Zölle und einige weniger wichtige Steuern für sich beansprucht hatte, verlangte von den Ländern und Gemeinden das Opfer ihrer finanziellen Selbständigkeit. Es unterwarf das Einkommen und den Kapitalertrag, das Vermögen und den Vermögenszuwachs, den Verbrauch und den Verkehr seiner Besteuerung und wurde damit der mächtigste Steuergläubiger. Hamburg verlor dadurch fast die Hälfte seiner Gesamteinnahmen. Allerdings übernahm dafür das Reich erhebliche Verpflichtungen. An dem Aufkommen der Reichssteuern erhielten die Länder nach dem im Landessteuergesetz vom 30. März 1920 vorgesehenen Lastenausgleich einen wesentlichen Anteil. Aber an selbständigen Steuern verblieben Hamburg nur die Steuern vom Grundvermögen und vom Gewerbebetriebe, die Vergnügungssteuer, die Wertzuwachssteuer und einige wenige nebensächliche Steuerarten. Die Jahre 1920/21 waren daher im wesentlichen damit ausgefüllt, den völlig veränderten steuerlichen Verhältnissen Rechnung zu tragen und das Steuerwesen neu aufzubauen. Die Neuordnung der Steuergeschäfte führte zunächst zur Auflösung der Steuerdeputation und der Deputation für indirekte Steuern und Abgaben. Das Jahr 1921 brachte dann ein ganzes Bündel neuer Steuergesetze: Grundsteuer, Gewerbesteuer, Hundesteuer und Besteuerung der Wanderlagerbetriebe wurden ausgebaut, Wohnsteuer, Lustfahrzeugsteuer u. a. neu eingeführt. Außerdem wurde das Gebührenwesen stark erweitert und die Tarife für Straßenbahn, Hochbahn, Walddörferbahn, Alsterschiffahrt, Hafendampfschiffahrt, sowie für Gas, Wasser und Elektrizitätsversorgung mehrfach erhöht. Die Tarifverhandlungen erforderten meist längere Verhandlungen im Plenum der Bürgerschaft, nur beim Gaspreis wurde die Deputation für das Beleuchtungswesen durch Einführung einer sogenannten Kohlenklausel ermächtigt, den Gaspreis selbständig dem Kohlenpreis anzupassen.

Alle diese Sanierungsversuche wurden durch die Stabilisierung der Mark im Jahre 1920 unterstützt. Der Dollarstand der Papiermark besserte sich seit April 1920 zunächst und hielt sich im weiteren Verlauf des Jahres bis zum Juli 1921, wenn auch unter Schwankungen, auf einem einigermaßen stabilen Niveau. Erst im August 1921 trat ein neuer Marksturz ein und warf das mühsam Erreichte wieder um.

Einen großen Raum nehmen in dieser Zeitspanne die Neuregelungen der Beamtenverhältnisse ein. Das Besoldungsgesetz, das Disziplinar- und Pensionsgesetz, der Tarifvertrag mit den Staatsangestellten stammen aus dieser Zeit. Die Teurung machte mehrfache Erhöhungen der Gehälter der Beamten und Angestellten, der Löhne der Staatsarbeiter, der Bezüge der Ruhegehaltsempfänger und Hinterbliebenen und der Versicherungsbeiträge erforderlich. Ein Teil der Mehraufwendungen wurde vom Reich erstattet, aber meist erst in entwertetem Gelde.

Die Ausgaben wuchsen in diesem Zeitraum aber nicht nur infolge von Nachbewilligungen, sondern auch durch die Vermehrung der staatlichen Aufgabenkreise. Mit den neuen Einrichtungen war eine starke Personalvermehrung verbunden, so daß besonders die persönlichen Ausgaben wuchsen. Demgegenüber traten die sachlichen Ausgaben zurück. Besonders starke Einschränkungen wurden im Bauwesen und in der Erneuerung der Betriebsmittel der Betriebswerke gemacht. Die Aufwendungen für Erwerbslosenunterstützungen nahmen infolge Besserung des Arbeitsmarktes ab.

Die allgemeine Besserung in der Finanzlage prägte sich darin aus, daß das Rechnungsjahr 1920 nur noch einen Fehlbetrag von 110 Millionen Papiermark oder 7,3 Millionen Goldmark und das Rechnungsjahr 1921 sogar einen Überschuß von 1 Milliarde Papiermark[1]) oder rund 60 Millionen Goldmark aufwies. Die gesamte Staatsschuld hatte allerdings am 1. April 1921 einen Stand von rund 3 Milliarden Papiermark erreicht und war damit, abgesehen von Preußen, die größte von allen deutschen Ländern; auch lag die Belastung auf den Kopf der Bevölkerung weit über dem Reichsdurchschnitt[2]). Doch war die Staatsschuld tatsächlich durch die Geldentwertung auf 200 Millionen Goldmark zusammengeschmolzen. Es darf daher wohl angenommen werden, daß im Jahre 1922 eine Besserung der Finanzlage geglückt wäre, wenn nicht der erneute Marksturz am Ende des Jahres alle Berechnungen wieder vernichtet hätte.

---

[1]) Nach Angaben des Senatsvertreters in der Bürgerschaftssitzung vom 4. Juli 1923.

[2]) Deutschlands Wirtschaft, Währung und Finanzen, Denkschrift der Reichsregierung 1924, S. 29.

Das Rechnungsjahr 1922 stand im Zeichen eines erneuten Kampfes mit der wachsenden Geldentwertung. Durch immer neue Erhöhung der Tarife und Gebühren, sowie durch schnelle Anpassung der Steuersätze an die Geldentwertung versuchte man, die Einnahmen so zu steigern, daß sie die dauernden Nachbewilligungen für Ausgaben deckten. Immer wieder glaubte man, den Wettlauf mit der Papiermark aufnehmen und mit den bisherigen Mitteln der Lage Herr werden zu können. Das Bemühen war von vornherein zur Unfruchtbarkeit verurteilt. Im Januar 1923 hatten die Nachbewilligungsanträge schon derart zugenommen, daß sich die Bürgerschaft gezwungen sah, die Finanzdeputation zu ermächtigen, alle Mehrausgaben für unabweisbare, laufende Bedürfnisse der Staatsverwaltung ohne ihre Mitwirkung zu bewilligen und erst am Schlusse des Rechnungsjahres ihre nachträgliche Bewilligung einzuholen. Dagegen konnte sie sich noch nicht entschließen, sich ihres Rechtes zur Festsetzung von Gebühren und Tarifen zu begeben. Hierzu bedurfte es erst des völligen Zusammenbruchs der Papiermark im Laufe des Jahres 1923 als Folge des Ruhreinbruchs.

4. Vom Ruhreinbruch bis zum Stillegen der Notenpresse

In der Zeit von der Besetzung des Ruhrgebiets am 11. Januar 1923 bis zur Einführung der Rentenmark am 15. November 1923 nahm der Markverfall ein derartiges Ausmaß an, daß jede geordnete Finanzpolitik unmöglich wurde. Zunächst versuchte der Senat zwar noch, die Gebühren- und Tariffestsetzung dadurch zu beschleunigen, daß das Feststellungsrecht auf ihn übertragen wurde, da die Bewilligung durch den Bürgerausschuß oder die Bürgerschaft eine unerträgliche Verzögerung bedeutete. Durch den mit der bürgerschaftlichen Prüfung und Beschlußfassung verbundenen Zeitaufwand waren die vorgeschlagenen Erhöhungen im Augenblick ihrer Veröffentlichung bereits wieder überholt. Trotz der hiermit verbundenen Verluste für die Staatskasse konnte sich aber die Bürgerschaft nicht entschließen, ihr Bewilligungsrecht ganz aufzugeben und setzte noch am 27. April eine Kommission aus 2 Senatsmitgliedern und 6 Mitgliedern des Bürgerausschusses für die Festsetzung der Gebühren und Tarife ein. Die Arbeiten dieser Kommission blieben aber, obgleich immer wieder neue Gebühren- und Tarifsätze veröffentlicht wurden, gleichfalls ohne Erfolg, da sie nicht sofort zur Festsetzung von Indexsätzen überging, wie es die Privatwirtschaft bei den Lohn- und Preisberechnungen bereits in wachsendem Maße tat. So entstanden beispielsweise bei der Aufstellung der Gas- und Wasserberechnungen infolge der Ungleichmäßigkeit der Ablesungen für die einzelnen Verbraucher derartige Differenzen, daß sie zu ernsten Beunruhigungen der Verbraucherkreise Veranlassung gaben.

Am 2. August 1923 setzte zum ersten Mal die Deputation für Handel, Schiffahrt und Gewerbe die Kaigebühren in Goldpfennigen (gleich $^1/_8$ d englischer oder $^1/_4$ cent amerikanischer Währung) fest. Damit war der erste Schritt zur Wertbeständigkeit getan. Mit den übrigen Gebühren glaubte man aber nicht folgen zu können, solange den Gebührenpflichtigen keine wertbeständigen Einnahmen zur Verfügung ständen. Erst Ende November setzte sich langsam die Goldmark als Rechnungsgrundlage durch.

Auch bei den Steuern konnte man sich zunächst noch nicht entschließen, sie zu valorisieren, sondern erhob nur Zuschläge in Papiermark, die bereits im Augenblick der Erhebung wieder entwertet waren. Der tatsächliche Ertrag mancher Steuern wurde dadurch so gering, daß sie nicht mehr die Erhebungskosten deckten und aufgegeben werden mußten. Seit dem Juni wurde die Wertzuwachssteuer außer Kraft gesetzt. Im August wurde bei der Änderung des Hundesteuer- und Reitpferdsteuergesetzes versucht, eine automatische Anpassung an den Geldwert durch Zuschläge in Höhe des Goldzollaufgeldes zu erzielen. Im September wurde ein ähnlicher Versuch im Lustbarkeitssteuergesetz und Stempelabgabegesetz gemacht, indem als Steuersatz ein Vielfaches des Briefportos angesetzt wurde. Die endgültige Umstellung auf Goldmark erfolgte aber erst im Dezember, nachdem im Oktober in den Nachbewilligungsanträgen des Senats zum ersten Mal der Begriff Festmark aufgetreten war.

Alle diese schwankenden Versuche sind auf die unklare Rechtslage zurückzuführen, die bis zur Herausgabe der Rentenmark herrschte. Hamburg allein konnte seine Steuern und Gebühren nicht in Gold erheben, solange nicht das Reich zur Goldrechnung übergegangen war. Der Übergang erfolgte aber erst im Dezember durch die beiden Steuernotverordnungen.

In diese Periode fiel auch die Auflegung der sogenannten Pfundanleihe. Bis zum April 1923 war immer noch die alte Staatsanleihe 1919 B in hohen Papiermarkbeträgen abgesetzt worden, besonders in Nordamerika. Dann wurde das Vertrauen in die Papiermark völlig erschüttert. Der Staat mußte daher nach anderen Wegen suchen und legte am 16. August 1923 eine 6%ige Anleihe in Höhe bis zu einer Million Pfund Sterling zur Zeichnung auf. Der Erfolg entsprach nicht ganz den Erwartungen. Die Schuld lag wohl zum Teil daran, daß zunächst auch Zeichnungen in Papiermark und erst vom Oktober ab nur solche in Devisen zugelassen wurden, wodurch der Staat in den Besitz hoher Papiermarkbeträge kam, ohne sie schnell genug in Devisen umwandeln zu können. Auch wurden die großen Banken vom Reich für die Unterbringung der gleichzeitig aufgelegten Reichsgoldanleihe in Anspruch genommen. Endlich war im Ausland allmählich das Vertrauen zur deutschen Finanzwirtschaft erschüttert. Am 30. November wurden die Zeichnungen abgeschlossen. Mit der Pfundanleihe wurde die schwebende Schuld abgelöst.

Überblickt man diesen ganzen Zeitabschnitt, so ist er ausgefüllt mit einer verstärkten Tätigkeit der Gesetzgebung. Aber die vielen Finanzgesetze vermochten keine Rettung mehr zu bringen, sie fielen nach kurzer Zeit der unaufhaltsamen Währungszerrüttung zum Opfer. Für das wirtschaftliche Geschehen in Deutschland war der Ruhreinbruch bestimmend geworden. Zwar läßt sich während der ganzen Inflationsperiode ein Ringen nach einem klaren Überblick und nach festen Zielen erkennen, doch war es in dem allgemeinen Taumel der Schuldenwirtschaft nicht mehr möglich, festen Boden unter den Füßen zu gewinnen. Man stand der allgemeinen Entwicklung machtlos gegenüber, und so blieb als letztes Mittel auch in Hamburg nichts weiter übrig als die Ausgabe von ungedecktem Notgeld. Welche Summen an künstlicher Kaufkraft auf diese Weise geschaffen wurden, ist bisher noch ein Geheimnis. Zweifellos handelt es sich um enorme Summen. Als alle andern Einnahmequellen versagten und kein anderes Mittel der Geldbeschaffung mehr übrig blieb, ist mit großer technischer Geschicklichkeit das Notgeld in den Verkehr gebracht, der es seltsamerweise bereitwillig aufnahm. Es war die größte, aber auch die unsozialste Einnahmequelle, die Hamburg jemals für sich erschlossen hat. Alle sozialen und wirtschaftlichen Belange der Bevölkerung mußten notgedrungen gegenüber den fiskalischen Interessen zurückgestellt werden. Das Ergebnis dieser Inflation war eine Art Staatsbankrott, durch den die Staatsschuld auf ein Nichts zusammenschrumpfte, durch den aber auch das in Staatsanleihen angelegte Rentenkapital vernichtet wurde. Ob die zeitweilige Entrechtung der Gläubiger des Staates, die in der dritten Steuernotverordnung des Reichs ihre Sanktionierung fand, für die Begebung neuer Anleihen nicht Schwierigkeiten bereiten wird, muß die Zukunft lehren[1]). Zur Zeit ist es schon wegen der allgemeinen Kapitalknappheit unmöglich, Anleihen unterzubringen. Vielleicht werden doch die alten Staatsanleihen noch einmal aufgewertet werden müssen.

Gerechterweise darf freilich nicht übersehen werden, daß der Mangel an notalen Geldmitteln in den hamburgischen Wirtschaftskreisen größer war als anderswo, da hier früher ein starker Giroverkehr herrschte, der bald ausfiel. Da die Überweisungen des Reichs an Umlaufsmitteln sich nach den früheren Bedürfnissen richteten und zu gering waren, mußte notgedrungen der Staat im Interesse von Handel und Industrie eingreifen, obwohl das Risiko wegen der Fälschungsgefahren nicht gering war.

5. Der Übergang zur Goldrechnung.

Ende November 1923 trat durch die währungspolitischen Maßnahmen des Reichs, insbesondere durch die Einführung der Rentenmark und durch die Regelung der Kreditgebarung, allgemein eine Beruhigung ein. In Hamburg war ein Teil der Privatwirtschaft schon einige Wochen vorher, als die Währungsnot ihren höchsten Grad erreicht hatte, selbständig mit Sanierungsmaßnahmen vorgegangen. Schon im Sommer hatten die Lohnempfänger den Übergang zum In-

[1]) Im Reichsrat hat sich Hamburg gegen das Verbot der Aufwertung von Reichs- und Staatsanleihen und für eine generelle Teilaufwertuag ausgesprochen.

dexlohn erzwungen, im Oktober aber wurde die Papiermark als Zahlungsmittel überhaupt zurückgewiesen. Unter dem Druck der für den Hafen, die Schiffahrt und Industrie drohenden Gefahren sahen sich die hamburgischen Schiffahrtskreise gezwungen, für die Zahlung der Löhne und Gehälter und für den Bezug innerdeutscher Produkte wertbeständiges Notgeld zu schaffen. Am 24. Oktober wurde die Hamburgische Bank von 1923 als Aktiengesellschaft gegründet. Gegen die Einzahlung von Devisen wurden in kurzer Zeit Verrechnungsanweisungen im Gesamtbetrage von 25 Millionen Goldmark in den Verkehr gebracht, die auf $^1/_2$, 1, 2 und 5 Goldmark lauteten, sowie Verrechnungsmarken aus Aluminium über 5 und 10 Goldpfennig. Der Staat war an der Gründung nicht unmittelbar beteiligt. Er hatte nur für die Prägung der Verrechnungsmarken die staatliche Münze zur Verfügung gestellt und die Verhandlungen mit dem Reich unterstützt. Kurz darauf, am 7. November, gab auch die Finanzdeputation wertbeständige Zahlungsmittel (Notgeldscheine über 84, 42 und 21 Goldpfennig) nach Maßgabe der Reichsverordnung über wertbeständiges Notgeld vom 25. Oktober 1923 heraus, die durch Dollarschatzanweisungen des Reichs (Reichsgesetz vom 14. August 1923) gedeckt waren. Sie konnten vom 15. Dezember 1923 ab aufgerufen werden, doch sind sie ebenso wie das frühere Notgeld meist still aus dem Verkehr zurückgezogen. Die letzten Stücke wurden bis zum 15. März 1924 aufgerufen. Doch auch dies Notgeld reichte bei der enormen Geldknappheit nicht aus, da nicht genügend Dollarschatzanweisungen beschafft werden konnten. Der Staat war daher, gedrängt durch die Privatwirtschaft, gegen seinen Willen gezwungen am 5. und am 10. November nochmals Aushilfsscheine über 100 und 500 Milliarden Papiermark auszugeben, eine Tatsache, deren Feststellung für die Finanzgeschichte dieser Tage, über denen die Stimmung eines Bankrotts lag, nicht ohne Reiz ist. Es ist ein Verdienst der Finanzdeputation, die Herausgabe so beschleunigt zu haben, daß die Umstellung schneller als in irgendeinem andern Staat Deutschlands bewirkt wurde.

Nachdem sich die Goldrechnung in der Wirtschaft durchgesetzt hatte, war es möglich, auch den Staatshaushalt auf Goldbasis umzustellen. Zu diesem Zweck wurde der Staatshaushaltsplan für das letzte Viertel des Rechnungsjahres 1923 außer Kraft gesetzt und durch einen neuen Wirtschaftsplan in Goldmark ersetzt. Dieser sogenannte Notetat wurde nicht veröffentlicht und nicht von der Bürgerschaft genehmigt, sondern diente nur dem inneren Verkehr der Verwaltung. Er balanzierte unter sehr vorsichtiger Einschätzung der Einnahmen und starker Beschneidung der Ausgaben mit rund 37 Millionen Goldmark, das heißt etwa $^3/_4$ der Summen, die im gleichen Zeitraum des Jahres 1913 gebraucht waren.

Durch eine Reichsverordnung vom 11. Oktober waren die Steuerschulden auf den vollen Goldwert am Entstehungstage der Steuerpflicht aufgewertet worden. Der letzte Schritt, um das Steuersystem auf Goldbasis zu stellen, wurde endlich durch die beiden

Steuernotverordnungen vom 7. und 19. Dezember getan. Gleichzeitig wurde der Lastenausgleich zwischen Reich und Ländern neu gestaltet. Doch konnte sich die Umstellung naturgemäß nur langsam auswirken. Daher mußten die Einnahmen niedrig angesetzt werden. Dementsprechend wurden die Ausgaben stark beschnitten. Die Beamtengehälter und Angestelltenlöhne wurden in Übereinstimmung mit dem Reich auf durchschnittlich 40 % der Vorkriegsgehälter heruntergedrückt. Für die sachlichen Bedürfnisse wurden jedem Verwaltungszweige durch eine Verfügung der Finanzdeputation vom 31. Dezember 1923 eine niedrige Summe zur Verfügung gestellt, die nicht überschritten werden sollte. Die Sätze der Erwerbslosen- und Wohlfahrtsunterstützungen wurden auf ein kaum erträgliches Maß herabgesetzt, die wenigen öffentlichen Bauten fast völlig stillgelegt. Selbst unabweisbare Bedürfnisse konnten nicht voll befriedigt werden. Endlich begann am 1. Februar 1924 der Personalabbau in Ausführung der Reichsabbauverordnung, der freilich nicht sofort, sondern erst später eine Entlastung der Finanzen bringen wird. Die Anfänge zur Sanierung waren gemacht. Vom 1. Januar ab wurden alle Beträge in Goldmark gebucht, und am 20. Februar 1924 konnte der Senat den Entwurf zum Staatshaushaltsplan für das Rechnungsjahr 1924 in Goldmark vorlegen unter Anlehnung an die Ausgaben aus 1913; jedoch wurde im allgemeinen nur ein Teil der damaligen Ausgaben in Ansatz gebracht. Damit waren die Grundlagen für eine geordnete Finanzwirtschaft geschaffen.

Die Anschläge für den Etat von 1924 waren von den Behörden im Juli 1923 aufgestellt. Sie mußten mehrfach umgerechnet werden. Die Umrechnung ist wiederholt geprüft, so daß die Ausgaben des Etats als einigermaßen zuverlässig anzusehen sind. Bei den persönlichen Ausgaben wurde der Personalabbau noch nicht berücksichtigt, aber auch die bald einsetzenden Gehaltserhöhungen nicht. Sie ergaben eine Mehrausgabe von fast 40 Millionen Goldmark. Hinsichtlich der Einnahmen steht der Etat noch nicht ganz auf fester Basis. Es wurden notgedrungen Steuern eingesetzt, die noch nicht bewilligt waren, auch die Überweisungen des Reichs aus den Reichssteuern standen noch nicht fest, über den Beitrag des Reichs zur Ordnungspolizei, herrschte noch Unklarheit, vor allem beruhten aber alle Steuerschätzungen auf ganz unsicherer Grundlage. Die Schätzung der Steuerkraft der Bevölkerung war bei der völligen Änderung der Einkommen und Vermögen unmöglich. Auch ist es fraglich, ob das Reich weiterhin Zuschüsse zur Erwerbslosenunterstützung leisten wird, wie der Etat annimmt. Auf der andern Seite sind aber auch eine Reihe von Reserven vorhanden. Die Erträge der Umsatzsteuer und der Börsenzulassungssteuer sind nicht eingesetzt. Der Ertrag der übrigen Steuern ist außerordentlich vorsichtig eingeschätzt. Von der Einführung einer Getränkesteuer ist bisher abgesehen. Wenn die allgemeine Wirtschaftslage nicht durch unvorhergesehene Ereignisse gestört wird, werden sich die Einnahmen höher als veranschlagt stellen.

III. Die Entwicklung der Ausgaben von 1914 bis 1924.

1. Die Zunahme der Ausgaben.

Die äußerliche Gegenüberstellung der Gesamtausgaben in den einzelnen Rechnungsjahren würde kein klares Bild der Entwicklung geben, da in den Staatshaushaltsabrechnungen Goldmark und Papiermark nicht getrennt sind und der Einfluß der Geldentwertung nicht berücksichtigt ist. Auch die Umrechnung der Papiermarkzahlen über einen Index würde keine befriedigende Vergleichsmöglichkeit schaffen, da sich die Berechnung der Indexzahlen im Laufe der Rechnungsjahre ebenfalls veränderte. Als Gesamtbild würde sich nur die Tatsache ergeben, daß die Ausgaben zwar nominell immermehr wuchsen, tatsächlich aber immer kleiner wurden. Infolge der Verschlechterung der Finanzlage wurde manche wichtige Staatsaufgabe zurückgestellt oder beschränkt. Nur einzelne Ausgaben weisen eine so unverkennbare Änderung gegen die Vorkriegszeit auf, daß sie sich aus der Gesamterscheinung herausheben.

Gegenüber den ordentlichen Ausgaben sind die außerordentlichen in der Kriegszeit und in der Nachkriegszeit stark zurückgeblieben. Vor dem Kriege wurden von der staatlichen Bauverwaltung fast 40% von dem Gesamtbetrage der jährlichen Ausgaben für die Schaffung wertvoller Neuanlagen beansprucht. Dies Verhältnis hat sich völlig geändert. Sowohl im Bauwesen als im Grunderwerb sind starke Einschränkungen gemacht. Diese Verschiebung ist ungünstig, weil den Ausgaben im ordentlichen Etat im allgemeinen keine neugeschaffenen Werte gegenüberstehen. Erst seit 1922 wurden wieder Aufwendungen für Bahnbauten gemacht, wie z. B. die Marschbahn in den Vierlanden und die Bahn Hausbruch—Waltershof.

In ähnlichem Sinne hat sich das Verhältnis zwischen persönlichen und sachlichen Ausgaben verschoben. Ein unmittelbarer Vergleich läßt sich allerdings auch hier nicht durchführen, da eine Trennung der Ausgaben in persönliche und sachliche in den Abrechnungen des Staatshaushaltes nicht enthalten ist. Einen Anhalt bieten aber die folgenden Zahlen über die Vermehrung der Beamten und Angestellten.

Jahr	Beamte	Angestellte
Mai 1914	13859	7144
Mai 1918	14253	10745
Mai 1920	14738	14767
Nov. 1923	14574	11326
Apr. 1924.......	rd. 12400	rd. 9850

In den Zahlen von 1920 ab[1]) sind 2644 Zoll- und Steuerbeamte nicht enthalten, die 1919 auf das Reich übernommen wurden. Sie müssen bei einem Vergleich mit den Vorkriegszahlen berücksichtigt werden.

Bis zum Mai 1920 hatte die Zahl der Beamten um rund 1000 Stellen zugenommen, wovon rund 400 Stellen auf die Lehrkräfte der höheren Schulen, der Berufsschulen und der verstaatlichten Privatschulen entfielen. Die Angestellten wiesen bis zum Mai 1918 einen Zuwachs von rund 3500 Stellen auf, von denen etwa die Hälfte auf das Kriegsversorgungsamt, die andere Hälfte auf andere Behörden als Ersatz für eingezogene Beamte kam. Bis 1920 stieg die Zahl der Angestellten um weitere 3000 Stellen. Von dem Mehr ist etwa die Hälfte der Stellen auf die Kriegsfolgen zurückzuführen, sie wurden bei der Kriegsbeschädigten- und Kriegshinterbliebenenfürsorge, der Jugendfürsorge, dem Arbeitsamt, dem Wohnungsamt, den Strafanstalten und der Finanzdeputation neu geschaffen. Ein weiteres Viertel entfiel im wesentlichen auf die Universität und die Berufsschulen. Der Rest verteilte sich auf sämtliche Behörden infolge Zunahme der Aufgabenkreise und Verringerung der Arbeitsleistungen. Durch den Ausbau des Vorlesungswesens zu einer Universität (ohne die wissenschaftlichen Institute) trat eine Vermehrung der Beamten und Angestellten um 86 Stellen ein, bei den höheren Lehranstalten um 65 Stellen, bei den Fortbildungsschulen für Knaben um 92 Stellen, für Mädchen um 231 Stellen, bei den Gewerbeschulen um 258 Stellen und bei den Kaufmannsschulen um 70 Stellen. Erst 1920 begann durch das Eingreifen der neugeschaffenen Senatskommission für die Verwaltungsreform ein langsamer Abbau des Personalbestandes, der bis zum November 1923 rund 400 Stellen betrug. Dieser Abbau ist um so wertvoller, als er sich im Stillen während der Zeiten vollzog, in denen noch keine Arbeitslosigkeit herrschte. Die einzelnen Verwaltungszweige wurden davon nicht gleichmäßig betroffen, am geringsten war er im Unterrichts- und Bildungswesen. Im November 1923 setzte endlich die Personalabbauverordnung ein, die bis zum April 1924 weitere 15% des Bestandes umfaßte. Gegenüber dem früherem Zustand brachte die Abbauverordnung mehrere Vorteile, sie ermöglichte ein Vorgehen gegen Doppelverdiener, eine Versetzung der 58jährigen Beamten in den Ruhestand auf Antrag, eine Ab-

[1]) Die Zahlen sind einem Bericht der Senatskommission für die Verwaltungsreform entnommen. Sie stimmen nicht ganz mit den Zahlen überein, die in der Sitzung der Bürgerschaft vom 30. Jan. 1924 von offizieller Seite gemacht wurden. Der Unterschied beruht zum Teil darauf, ob die Kündigungsbeamten als Beamte oder Angestellte gerechnet werden, zum Teil darin, daß die Pfleger in den Krankenhäusern früher unter die Arbeiter, jetzt aber unter die Angestellten gerechnet werden. Doch scheinen nach dem stenographischen Bericht dem Redner auch Irrtümer unterlaufen zu sein. Die Zahl der Beamten Ende 1923 wurde auf 15 400, die Zahl der Angestellten auf 10 500, ihre Gesamtzahl aber nur auf 23 315 angegeben. Die oben angegebenen Zahlen für November 1923 sind vom Verfasser errechnet.

findung für freiwillig ausscheidende und die Versetzung entbehrlicher Kräfte in den einstweiligen Ruhestand. Das Ergebnis dieses Abbaus betrug rund 4000 Beamte und Angestellte, die Ersparnisse im Jahre 1924 allein sind auf rund 9 Millionen Goldmark geschätzt. Auch diesmal war der Beamtenausschuß der Bürgerschaft besonders darum besorgt, daß der Abbau bei Behörden, die Kulturzwecke erfüllen, gering blieb.

Infolge der Gehalts- und Lohnpolitik der Nachkriegszeit gewannen die persönlichen Ausgaben im Staatshaushalt immer größere Bedeutung. Im Jahre 1920 umfaßten sie etwa ein Viertel der gesamten ordentlichen Ausgaben. Im Verlauf der folgenden Jahre gestaltete sich dies Verhältnis noch ungünstiger. 1922 machten die persönlichen Ausgaben fast vier Fünftel des gesamten ordentlichen Staatshaushaltes aus. Allerdings erhielt Hamburg einen Teil der Mehraufwendungen vom Reich erstattet. Seit dem 1. Oktober 1912 wurden vom Reich Besoldungszuschüsse in Höhe von $^3/_4$ der Mehraufwendungen gewährt, und zwar zum Teil in der Form von Vorschüssen, zum Teil als feste Zuschüsse. Dabei wurden Vermehrungen über den Stand vom 1. April 1922 nicht berücksichtigt, auch blieben die Beamten und Angestellten der Betriebsverwaltungen sowie sämtliche Staatsarbeiter außer Betracht. Seit dem 1. Januar 1924 wurde der 75%ige Reichszuschuß schrittweise herabgesetzt, und zwar im Januar auf 35%, im Februar auf 24% und im März auf 11% der Gesamtaufwendungen. Seit dem 1. April 1924 sind Zuschüsse ganz fortgefallen, Hamburg hat jetzt rund 50000 Beamte, Angestellte und Arbeiter aus eigenen Mitteln zu besolden. Der Aufwand hierfür betrug in den ersten 3 Monaten des Jahres 1924, als noch beschränkte Reichszuschüsse erfolgten, rund 16 Millionen, für das Rechnungsjahr 1924 ist er auf 102 Millionen Goldmark zu veranschlagen, d. h. etwa die Hälfte des gesamten Staatshaushaltes. In der Festsetzung der Höhe der Gehälter und Löhne wurde Hamburg durch das Reichsgesetz zur Sicherung einer einheitlichen Regelung der Beamtenbesoldung vom 21. Dezember 1920 (Besoldungssperrgesetz) an die Regelung im Reich gebunden.[1])

Eine weitere Zerlegung der Ausgaben nach den einzelnen Ver-

[1]) Daß die Realgehälter und Reallöhne weit unter der Friedensparität lagen, brachte während der Inflationsperiode nur eine relative Entlastung für den Staatshaushalt, da der Realwert der Einnahmen im gleichen Maße unterwertig war. Erst nach Einführung der Goldrechnung bedeuten die herabgesetzten Löhne und Gehälter wirkliche Ersparnisse im Staatshaushalt. Durch die Besoldungsordnung vom Dezember 1923 wurden allerdings die Bezüge in einem unerträglichen Maße gekürzt, so daß schon im April 1924 die erste Aufbesserung erfolgen mußte. Das Besoldungssperrgesetz ist vielfach angegriffen, da es dem Ermessen der Einzelstaaten nur geringen Spielraum ließ. Es hatte für die Finanzen zweifellos das Gute, daß die übertriebenen Forderungen einzelner Beamtengruppen leichter abgewiesen werden konnten und die unfruchtbaren Gehaltsdebatten in der Bürgerschaft eingeschränkt wurden, an der sich alle Parteien aus agitatorischen Gründen beteiligen zu müssen glaubten.

waltungszweigen ergibt, daß während der Kriegszeit, abgesehen von den Einschränkungen im Bauwesen, keine wesentlichen Verschiebungen gegenüber der Vorkriegszeit eingetreten sind. Die großen Ausgaben, die für die Kriegswohlfahrtspflege notwendig wurden, traten in der Nachkriegszeit zurück und hörten 1921 ganz auf. Die aufgewendeten Beträge wurden vom Reich 1920 mit 30 Millionen, 1921 mit 71,5 Millionen und 1922 mit 35,75 Millionen Papiermark zurückerstattet, allerdings in entwertetem Gelde. Erst seit 1920 traten einzelne Verwaltungszweige mit außergewöhnlichen Steigerungen hervor, Während 1913 noch die Ausgaben für die Staatsschuld und für das Bauwesen an erster Stelle gestanden hatten, waren 1920 der Nettoaufwand für das Erziehungs- und Bildungswesen an die erste Stelle gerückt. Außergewöhnliche Steigerungen wiesen auch das Gesundheitswesen und das Wohlfahrtswesen auf, während die Ausgaben für die Schiffahrt erheblich zurückgingen. Gleichzeitig verschob sich das Deckungsverhältnis durch Einnahmen. Dies trat besonders beim Erziehungs- und Bildungswesen in Erscheinung, wo 1913 noch 15,80% der Ausgaben, 1920 nur 1,41% der Ausgaben durch Rückeinnahmen gedeckt wurden. Diese ungünstige Entwicklung läßt sich aus der Übernahme des gesamten höheren und Volksschulwesens, durch den Ausbau des Berufs- und Fortbildungsschulwesens und die Schaffung der Universität und der Volkshochschule erklären. Die neue Reichsverfassung schrieb die Aufhebung der privaten Vorschulen vor, die Geldentwertung förderte den Rückgang der übrigen Privatschulen. Der Übergang zur Einheitsschule hatte eine übermäßige Vermehrung der unteren Volksschulklassen zur Folge. Auf dem Gebiete des Fortbildungsschulwesens bürdete sich Hamburg im Vergleich zu allen anderen Ländern dadurch außergewöhnliche Lasten auf, daß die allgemeine, kostenlose Fortbildungsschulpflicht für alle Jugendlichen mit 10 Wochenstunden eingeführt wurde. Hier wäre eine Rückbildung oder mindestens die Erhebung von Schulbeiträgen von den Arbeitgebern des Schulpflichtigen nötig. Das Volksschulgeld wurde ganz aufgehoben, das Schulgeld für die höheren Schulen nach sozialen Gesichtspunkten gestaffelt unter Gewährung weitgehender Befreiung. Da die sachlichen Ausgaben im Unterrichtswesen eine verhältnismäßig geringe Rolle spielen, die Erneuerung des Unterrichtsmaterials zeitweilig sogar übermäßig eingeschränkt wurde, so ergibt sich ohne weiteres, welche enormen Lasten Hamburg mit der starken Vermehrung der Lehrkräfte für lange Zeit auf sich geladen hat. Im Staatshaushaltsplan für 1924 steht das Unterrichtswesen mit 19,30% der gesamten Nettoausgaben an erster Stelle, während es 1913 mit 14,10% den dritten Platz einnahm. Am 1. April 1924 sind zwar von den Lehrkräften an den höheren Schulen und an den Volksschulen 530 Lehrer und Lehrerinnen im Abbau entlassen, mehrere Volksschulen und eine Realschule geschlossen worden. Das Ergebnis ist aber im ganzen unzureichend, wenn man berücksichtigt, daß die Zahl der Lernanfänger infolge des Geburtenausfalles während des Krieges abgenommen hat. Der Ausbau des Unterrichtswesens in der Nachkriegszeit gibt daher zu schweren finanziellen Bedenken Anlaß.

Neben dem Unterrichtswesen weist das Wohlfahrtswesen die größte Steigerung der Ausgaben auf. Hier spielte die Personalvermehrung, abgesehen von den Neueinstellungen beim Fürsorgeamt für Kriegsbeschädigte und Kriegshinterbliebene (1921: 12 Beamte und 752 Angestellte), nur eine untergeordnete Rolle. Um so stärker nahmen die sachlichen Ausgaben zu. Die steigende Not zwang immer weitere Bevölkerungskreise, die Hilfe des Staates in Anspruch zu nehmen. Immer neue Aufgabengebiete erschlossen sich der öffentlichen Fürsorge, zumal nach dem Kriege neue Wege produktiver Fürsorge im Gegensatz zur alten Armenpflege eingeschlagen wurden. Dabei trat die Ergänzung durch private Fürsorge immer mehr zurück. Die Gesamtzahl der fortlaufend auf öffentliche Hilfe Angewiesenen betrug vor dem Kriege rund 25 000 Personen, sie wuchs unter Schwankungen bis zum Jahre 1923 auf rund 130 000 Personen, d. i. etwa der zehnte Teil der Bevölkerung. In der offenen Pflege waren neben der allgemeinen Fürsorge bis zum Jahre 1923 rund 36 000 Kriegsbeschädigte und Kriegshinterbliebene hinzugekommen, die ständig eine Rente und von denen etwa ein Drittel auch noch ergänzende Unterstützungen erhielt, rund 12 000 Sozialrentner, davon rund 7000 in ergänzender Fürsorge, und fast 2000 Kapitalrentner, die laufend Unterstützung erhielten. Dazu wurden noch in großer Zahl einmalige Unterstützungen, zum Teil in Form von Sachleistungen (Webwaren, Fußzeug, Hausrat, Feuerung und dergleichen) gewährt. In der geschlossenen Pflege waren dauernd etwa 2500 Erwachsene und 4500 Kinder in Privatheilanstalten oder in Anstalten für Gebrechliche, Idioten, Taubstumme oder Blinde untergebracht. Zur offenen und geschlossenen Pflege trat noch die Heil- und Erholungsfürsorge, die Unterbringung von Erwachsenen und Kindern in Heilstätten, Bädern, Ferienkolonien, Krippen und Säuglingsheimen, sowie die tägliche Speisung von Schul- und Kleinkindern und werdenden Müttern (zeitweise 15 000) und die Verbilligung von Milch. Es hat keinen Sinn mehr, die enormen Papiermarksummen zu nennen, die für alle diese Zwecke aufgewandt wurden. Im Etat für 1924 sind hierfür fast 12 Millionen Goldmark vorgesehen. Gegenüber diesen Ausgaben bedeuteten die Erstattungen des Reichs nur eine geringe Entlastung. Hamburg erhielt von den ausgezahlten Unterstützungen und von den Verwaltungskosten bei der Kriegsbeschädigtenfürsorge $^{8}/_{10}$, bei der Sozialrentnerfürsorge $^{4}/_{5}$ und bei der Kleinrentnerfürsorge $^{1}/_{3}$ erstattet. Mit dem 1. April 1924 fallen auch diese Zuschüsse im wesentlichen fort, so weit nicht noch durch reichsrechtliche Vorschriften eine andere Regelung erfolgt.

Neben der öffentlichen Fürsorge trat die Ergänzung durch private Wohltätigkeit immer mehr zurück. Die wohltätigen Stiftungen sind meist dem Währungsverfall zum Opfer gefallen, die freie Wohlfahrtspflege ist selbst notleidend geworden. Hamburg besitzt z. B. 80 private Wohnstifte mit 3800 Stiftswohnungen, die meist von einzelnen Personen, zum Teil auch von Ehepaaren oder von Familien (besonders die jüdischen Stifte) bewohnt sind. Früher gewährten die Stifte neben der Freiwohnung meist auch noch Unterstützungen, in 4 Stiften sogar volle Verpflegung und Wartung. Heute müssen nicht nur die meisten Insassen fortlaufend unterstützt werden, sondern die Stiftsverwaltungen müssen auch noch staatliche Zuschüsse zu den Unterhaltungskosten für die Gebäude erhalten.

In den Aufwendungen für die öffentliche Wohltätigkeit sind die Erwerbslosenunterstützungen nicht einbegriffen, die vom Arbeitsamt geleistet und unter Polizeiliche und Innere Angelegenheiten abgerechnet werden. Die Zahl der unterstützungsberechtigten Erwerbslosen hat sehr geschwankt. Sie sank bis zur Mitte des Jahres 1922 infolge günstiger Lage auf dem Arbeitsmarkt und hat sich seitdem wieder erheblich verschlechtert. Ende 1923 wurde der Höchststand erreicht. Zu den Kosten trug das Reich $^{6}/_{12}$ der Unterstützungen und Verwaltungskosten bei. Dabei wurden die reichsrechtlichen Höchstunterstützungssätze zu Grunde gelegt. Überschreitungen, wie sie in der Zeit der inneren Unruhen von Mai bis August 1919 allgemein erfolgten und nachher noch gegenüber einzelnen besonders hilfsbedürftigen Personen erforderlich waren, wurden nicht vom Reich erstattet. Außerdem trug das Reich die Hälfte der Aufwendungen für die produktive Erwerbslosenfürsorge, für die namhafte Summen bewilligt wurden. Wie weit das Reich nach dem 1. April 1924 noch zu den Kosten beiträgt, steht noch nicht fest. Der Etat von 1924 rechnet mit 8,5 Millionen Goldmark für 30 000 Erwerbslose als Jahresdurchschnitt. Diese Summe ist voraussichtlich zu hoch. Infolge Einführung der Pflichtarbeit nahm die Zahl der Unterstützten bereits im März 1924 erheblich ab. Von 35 000 arbeitsuchenden Personen bezogen nur noch 18 000 Erwerbslosenunterstützung. Die Unterstützung der Jugendlichen bis zum 18. Lebensjahre ist wesentlich eingeschränkt. Auf der anderen Seite erbringen die Arbeitgeber- und Arbeitnehmerbeiträge (je 1% des Grundlohnes von 10 Lohnstufen, zur Zeit gleich $^{1}/_{3}$ des Krankenkassenbeitrages, auf Grund der Verordnung über die Erwerbslosenfürsorge vom 16. Februar 1924) solche Summen, daß sich daraus voraussichtlich die gesamten Unterstützungen und Verwaltungskosten decken lassen. Hamburg hat den Vorteil, daß einige Ersatzkrankenkassen großer wirtschaftlicher Verbände (z. B. der Deutschnationale Handlungsgehilfen-Verband, der Gewerkschaftsbund der Angestellten u. a.) hier ihre Beiträge abliefern müssen. Endlich können die Ausgaben für die produktive Erwerbslosenfürsorge bei der geringen Zahl der Unterstützungsempfänger in Fortfall kommen.

Gegenüber der ersten Nachkriegszeit ist damit ein völliger Umschwung angebahnt. Die innere Kaufkraft der gewährten Unterstützungssätze, sowohl in der Wohlfahrtspflege als auch in der Erwerbslosenfürsorge, hat stark geschwankt und ist zurückgegangen. Die Ermittlung der inneren Kaufkraft ist allerdings schwierig. Die Errechnung über den Lebenshaltungsindex gibt insofern kein richtiges Bild, als der Lebenshaltungsindex bei schnell fortschreitender Geldentwertung nur einen zurückliegenden Preisstand wiederspiegelt. Tatsächlich sind die ausgezahlten Unterstützungssätze zum Teil noch ungünstiger gewesen. Jedenfalls haben sie Anfang 1924 einen Stand erreicht, der keine weitere Herabsetzung zuläßt. Voraussichtlich wird eine Erhöhung in absehbarer Zeit eintreten müssen.

Zeitweilig gestaltete sich auch das Verhältnis zwischen Ausgaben und Rückeinnahmen beim Gesundheitswesen ungünstig. Nach der Revolution hatte das nichtärztliche Personal in den Krankenhäusern stark zugenommen, ohne daß die Kostgelder entsprechend erhöht waren. Seit 1921 ist ein starker Abbau am Personal erfolgt und eine Erhöhung der Kostgelder eingetreten. Dadurch haben sich die Gesamtausgaben wieder verringert, wenn auch der Vorkriegsstand noch nicht wieder erreicht ist.

Die Zunahme des Personals bei den Gerichten und Strafanstalten um 514 Stellen bis zum Jahre 1922 gegenüber der Vorkriegszeit erklärt sich ohne weiteres durch die gesteigerte Kriminalität als Kriegsfolge. Die durchschnittliche Zahl der Strafgefangenen in den Nachkriegsjahren betrug täglich 4200 Köpfe. Die Kriminal-, Gewerbe-, Verkehrs- und Gesundheitspolizei erfuhr keine nennenswerte Vermehrung. Eine kasernierte Ordnungspolizei mit einer Sollstärke von 5100 Mann wurde neu geschaffen. Ihre Kosten trug das Reich zu $^9/_{10}$, zu dem Rest trug Preußen im Verhältnis der Einwohnerzahlen von Altona, Wandsbek und Wilhelmsburg zu Hamburg bei. Vom 1. April 1924 ab soll auf Grund der 3. Steuernotverordnung vom 14. Februar 1924 eine Änderung erfolgen, die Verhandlungen mit dem Reich sind noch nicht abgeschlossen. Der hamburgische Anteil beträgt nach dem Etat von 1924 rund 10 Millionen Goldmark. Die übrigen Verwaltungszweige wiesen während der Inflationszeit nominell eine ziemlich gleichmäßige Steigerung und keine Verschiebung gegenüber der Vorkriegszeit auf. Der größte Ausgabeposten, der den Reichshaushalt belastet, die Ausgaben für die Erfüllung des Friedensvertrages, fällt für die Länder fort.

Nicht ohne Bedeutung ist aber die Vermehrung der Verwaltungseinrichtungen nach dem Kriege infolge neuer Aufgaben. Im Kriege hatte die Kriegsversorgung neue Lasten gebracht, nach dem Kriege trat eine ganze Reihe neuer Aufgaben an den Staat heran. Folgende Behörden wurden neu geschaffen: das Arbeitsamt, das Wohlfahrtsamt, das Fürsorgeamt für Kriegsbeschädigte und -hinterbliebene, die Dienststellen des Demobilmachungskommissars und des Bezirkswohnungskommissars, das Mieteeinigungsamt, der Schlichtungsausschuß, die Hochschulbehörde, das Verwaltungs- und Oberverwaltungsgericht, die Handelsaufsicht, die Denkmalschutzbehörde und die staatliche Pressestelle. Der Ausschuß für Leibesübungen und der Arbeiterrat Groß-Hamburgs erhielten laufend Zuschüsse. Das Statistische Landesamt mußte vielfach zahlreiche Hilfskräfte für die Durchführung von Wahlen einstellen. Das Reichsgesetz für Jugendwohlfahrt brachte neue Lasten ohne Deckung. Die Ausgaben für Revolutions- und Aufruhrschäden seien nur nebenbei erwähnt. Eine Hochflut von Gesetzen und Verordnungen aller Art als Folge der anormalen sozialen und wirtschaftlichen Verhältnisse brachte den Behörden dauernde Arbeitsvermehrung. Allein die Durchführung der Besoldungsordnung und des Steuerabzuges mit ihren umfangreichen Berechnungen hielt eine beträchtliche Zahl von Beamten und Angestellten dauernd in unproduktiver Beschäftigung. Ständig wurden den Behörden neue Verwaltungsaufgaben aufgebürdet, dabei wurde scheinbar vergessen, daß solche Neuschöpfungen nicht so leicht wieder beseitigt werden können, wie sie ins Leben gerufen sind.

Die Vermehrung der Verwaltungsaufgaben war um so bedenklicher, als dem wachsenden Arbeitspensum die verminderte Leistungsfähigkeit zahlreicher Beamten und Angestellten gegenüberstand. Die Arbeitsleistungen wurden durch den Achtstundentag, die Einschränkung der Hausarbeit, die vermehrte Urlaubserteilung, die Einstellung von Erwerbslosen und Schwerbeschädigten und die Zunahme der Erkrankungen herabgesetzt. Die Arbeitsfreudigkeit mag vielfach auch durch wirtschaftliche Sorgen gelähmt worden sein. Im einzelnen läßt sich schwer feststellen, welche Folgen die plötzliche Einführung des Achtstundentages für die hamburgischen Finanzen gehabt hat. Bei den reinen Verwaltungsbehörden hat er keine wesentlichen Veränderungen hervorgerufen. In den Verkehrsbetrieben wurden viele Neueinstellungen erforderlich, die das Betriebsergebnis ungünstig beeinflußten. Noch sinnfälliger trat diese Tatsache bei der Kaiverwaltung in Erscheinung, die nicht nur eine wesentliche Vermehrung ihrer ständigen Arbeiter vornehmen, sondern auch in Zeiten erhöhten Hafenverkehrs unständig beschäftigte Arbeitskräfte aus dem freien Markt heranziehen mußte. Allerdings sprachen hierbei auch technische Gründe mit: Die Ausnutzung der Kaianlagen wurde durch die Verminderung der Schiffsgrößen und damit die Zahl der Ladeluken sowie durch die langfristige Lagerung der Güter in den Kaischuppen erschwert. Am stärksten machte sich die Einführung des Achtstundentages bei dem Pflegepersonal der Krankenhäuser, der Entbindungsanstalt, des Altersheims, des Versorgungsheims und ähnlicher Einrichtungen geltend. Im Großgewerbe verminderte sich nach einer vielfach vertretenen Auffassung die durchschnittliche tägliche Arbeitsleistung zeitweise auf 60% der Vorkriegszeit und weniger.[1]) Auffällig war auch zeitweise die hohe Krankenziffer der Angestellten im Verhältnis zu den Beamten. Im Jahre 1921 waren 30,6% der Beamten durchschnittlich 22 Tage, dagegen 39,6% der Angestellten durchschnittlich 23,4 Tage erkrankt.[2]) Die hohe Krankenziffer der Angestellten wurde dadurch beeinflußt, daß ihnen neben dem Krankengeld der volle Lohn gezahlt wurde. Die dauernde Arbeitsvermehrung bei herabgesetzter Arbeitsleistung mußte notwendigerweise zu einem Anwachsen der unproduktiven Ausgaben führen.

Nur eine Ausgabe spielte im Staatshaushalt nicht mehr die gleiche Rolle wie früher, das war der Zinsen- und Tilgungsdienst für die Staatsschuld. Nominell waren freilich für die wachsende Staatsschuld größere Aufwendungen nötig, zumal die Tilgungsquote der fundierten Anleihen zeitweilig erhöht wurde. Doch wurden die realen Aufwendungen, umgerechnet über den Großhandels-Index oder über den Dollarkurs, mit der wachsenden Geldentwertung immer niedriger. Bis zum Anfang des Jahres 1923 konnten noch Anleihen zu dem niedrigen Zinsfuß von $4^1/_2$% untergebracht werden, als der Reichsbankdiskont schon auf 18% heraufgesetzt war. Rückkäufe zur Stützung des Kurses, wie sie z. B. das Reich bei den Kriegsanleihen längere Zeit durchgeführt hat, wurden nicht gemacht, doch wurden Anleihestücke überplanmäßig zurückgekauft, sobald sie einen niedrigen Kursstand aufwiesen. Über die Höhe des Zinsendienstes für die schwebende Schuld, die sich aus Darlehen der Reichsdarlehnskasse, Krediten der Reichsbank und kurzfristigen Schatzanweisungen zusammensetzte, lassen sich keine Angaben machen. Der Zinsfuß war wechselnd und richtete sich im allgemeinen nach dem Reichsbankdiskont. Im Haushaltsplan für 1924 spielt die Verzinsung und Tilgung der Staatsschuld nur noch eine geringe Rolle. Die fundierte Schuld, die Ende 1923 rund 12 Milliarden Papiermark betrug, ist bei einem Kursstand von 30 Goldpfennigen für 1000 Mk. Nennwert auf den Betrag von 360 000 Goldmark zusammengeschmolzen und erfordert keine Zinsaufwendungen mehr, so lange keine Aufwertung erfolgt. Für die Verzinsung der Pfundanleihe sind rund 1,2 Millionen Goldmark erforderlich. Die Ausgaben für die gesamte Staatsschuld, die vor dem Kriege fast $^1/_4$ der Gesamtausgaben ausmachten, betragen 1924 nur noch 1,65% des Haushaltes.

Die Verschiebung der Nettoausgaben (Bruttoausgaben vermindert um Rückeinnahmen) für die einzelnen Verwaltungszweige ergibt sich am klarsten aus einer Gegenüberstellung der Jahre 1913 und 1924.[3]) Gewachsen sind die Nettoausgaben für das Unter-

---

[1]) In der Denkschrift der Arbeitsgemeinschaft Groß-Hamburg von 1921 wurde der Rückgang der Arbeitsleistungen der Hafenarbeiter auf 56% des Jahres 1913 angegeben.

[2]) Bericht der Senatskommission für die Verwaltungsreform vom November 1921.

[3]) Vergl. Tabelle Nr. 2.

richtswesen von 14,10 auf 19,30%, für das Wohlfahrtswesen von 4,80 auf 15,20%, für die Polizei von 7,25 auf 15,10% und für das Gesundheitswesen von 6,90 auf 10,85% der Gesamtausgaben. Wesentlich abgenommen haben die Ausgaben für die Staatsschuld, für das Bauwesen und für Handel, Schiffahrt und Gewerbe. Die übrigen Verwaltungszweige, einschließlich der Kosten von Senat und Bürgerschaft, weisen keine wesentlichen Veränderungen auf.[1])

2. Die Versuche zur Beschränkung der Ausgaben.

Die zunehmende Verschlechterung der Staatsfinanzen führte schon bald nach dem Kriege dazu, nach Maßnahmen zur Beschränkung der Ausgaben zu suchen. Doch standen die politische Neuordnung und die Unruhen des Jahres 1919 solchen Maßnahmen zunächst im Wege. Erst allmählich versuchte man, den Folgen der Geldentwertung nicht nur durch Steigerung der Einnahmen, sondern auch durch Vereinfachung des Verwaltungsgeschäftes zu begegnen. Der wichtigste Schritt hierzu war die Einsetzung der Senatskommission für die Verwaltungsreform durch die Senatsverordnung vom 16. April 1920.

Schon vor dem Kriege hatte eine gemischte Senats- und Bürgerschaftskommission für den gleichen Zweck bestanden, die eine Reihe wichtiger Vorschläge zur Vereinfachung der Verwaltung gemacht hatte, ohne aber zu praktischen Erfolgen zu gelangen. In der neuen Senatsverordnung wurden sogleich Richtlinien für den Abbau des Verwaltungsapparates aufgestellt. Als geeignete Mittel zur Erreichung dieses Zieles wurden, abgesehen von einer Neuordnung der Behördenorganisation, die Nichtwiederbesetzung freiwerdender Stellen von Beamten und Angestellten, die Pensionierung aller über 55 Jahre alten Beamten, die Vereinfachung des inneren Ganges der Verwaltung und die Steigerung der Arbeitsleistungen genannt.

Von diesen Zielen wurde keines voll erreicht, der größte Erfolg wurde noch im Personalabbau erzielt. Schon die Schaffung der neuen Kommission brachte die Personalvermehrung zum Stillstand. In den nächsten Jahren gelang es ihr, einen tatsächlichen Abbau zu erreichen. Bis zum April 1923 war die Zahl der Angestellten so weit verringert, daß der Vorkriegsstand mit rund 7000 Köpfen wieder erreicht war. Das Ergebnis war um so günstiger, als bei allen Behörden eine starke Arbeitsvermehrung eingetreten war. Trotzdem blieb das Verhältnis zu anderen deutschen Städten ein ungünstiges. In Preußen kamen 1922 in den Städten mit über 200 000 Einwohnern auf je 1000 Einwohner 3,9 Beamte und 3,2 Angestellte, zusammen 7,1 Stellen.[2]) In Hamburg hätten dementsprechend bei einer Einwohnerzahl von 1 126 636 Ein-

[1]) In der im Februar 1921 gewählten Bürgerschaft saßen mit geringen Veränderungen 14 Senatoren, 28 Staatsbeamte und 17 Lehrer bezw. Oberlehrer, zusammen 59 beamtete Personen von 160 Mitgliedern.

[2]) Mitteilungen des Deutschen Städtetages vom 15. August 1922.

wohnern 4220 Beamte und 3462 Angestellte, zusammen also 7582 Stellen, vorhanden sein dürfen. Tatsächlich waren es rund 15 000 Beamte und 7000 Angestellte. Die Stadt Altona mit 160 000 Einwohnern hatte am 1. April 1923 im ganzen 923 Beamte und 1940 Angestellte und Arbeiter, zusammen 2863 Personen, Hamburg mit 1 126 636 Einwohnern zur gleichen Zeit rund 16 600 Beamte (einschließlich Kündigungsbeamte), 7000 Angestellte und 28 000 Arbeiter, zusammen rund 53 000 Personen, während es im Vergleich zu Altona nur rund 20 000 Personen im Staatsdienst haben dürfte. In Altona lebten ohne die Reichsbeamten 1,8 % der Bevölkerung von der Stadt, in Hamburg 4,7 % vom Staat.

Diese Zahlen lassen sich natürlich nicht ohne weiteres vergleichen, da Hamburg als selbständiger Staat mit eigenen Staatsaufgaben, z. B. mit eigenem Gerichtswesen, mit eigener Polizei, eigenem Schulwesen, eigenen Krankenhäusern, mit einer Universität und vor allem mit seinem Hafen eine Sonderstellung einnimmt. Diese Aufgaben werden in Preußen zum Teil vom Land, zum Teil von den Provinzen getragen. Trotzdem ist das Verhältnis ungünstig. Die Zahl der Staatsarbeiter wurde allmählich wieder auf den Vorkriegsstand zurückgeführt. Doch darf dabei nicht vergessen werden, daß bei den Bauverwaltungen infolge Stillegens der Bautätigkeit viele Arbeitskräfte entlassen wurden. Im Kaibetrieb blieb die Zahl der ständigen Hafenarbeiter größer als in der Vorkriegszeit.[1]) Die Arbeitsleistungen blieben dauernd geringer als im Frieden. Gewisse Ersparnisse wurden durch Vereinfachung der behördlichen Einrichtungen und des behördlichen Geschäftsganges erzielt. So wurde die Kontrolle der Versicherungsbeiträge bei den einzelnen Behörden aufgehoben, das Meldewesen vereinfacht, einzelne Kassen zusammengelegt, die statistischen Arbeiten eingeschränkt, die Ärzte-Schreibstuben in den Krankenhäusern aufgehoben, die Zahl der Gas- und Wassermesserableser verringert, die Portoausgaben eingeschränkt u. a. m. Eine Mobiliaraustauschstelle wurde geschaffen, um überflüssiges Mobiliar an Behörden mit neu auftretendem Bedarf zu vermitteln; jedoch wurde ihr nicht das Recht verliehen, sämtliche Behörden auf ihre Mobiliarbestände hin zu überprüfen. Eine ähnliche Austauschstelle für andere Bedarfsgegenstände der Verwaltung, wie z. B. Schreibmaschinen oder Hausfernsprecher fehlt noch. Der Geschäftsverkehr zwischen den Behörden wurde dadurch vereinfacht, daß der urschriftliche Austausch der Akten unter Vermeidung des Instanzenweges angeordnet wurde. Auch sollten die Protokolle durch kurze Aktenvermerke ersetzt werden. Auch die wertvollen Jahresberichte und statistischen Aufzeichnungen der einzelnen Behörden fielen mit geringen Ausnahmen fort.

Wie weit die Arbeitsleistungen sich allmählich wieder verbesser-

---

[1]) 1913: 3013, 1923: 5095.

ten, läßt sich schwer feststellen. Zweifellos wurden die unerfreulichen Erscheinungen der ersten Nachkriegszeit langsam überwunden. Trotz des Personalabbaues wurde von den Behörden im allgemeinen die erhöhte Arbeitslast ohne nennenswerte Stockungen bewältigt. Die größte Schwierigkeit bereitete die Schaffung einer neuen Behördenorganisation, die sogenannte äußere Verwaltungsreform. Die Eigenart der Hamburger Verwaltung beruht darin, daß sie keine Gliederung der einzelnen Verwaltungsgebiete in Ober-, Mittel- und Unterbehörden kennt. Vielmehr stehen unter dem Plenum des Senats als oberster Verwaltungsbehörde eine große Zahl von senatorischen und bürgerlichen Behörden (oder Deputationen) gleichwertig nebeneinander, die der Unterordnung unter zusammenfassende höhere Stellen ermangeln. Es liegt in der Natur der Sache, daß jeder Versuch zum Abbau durch Ressortinteressen und Sonderwünsche der einzelnen Behörden stark behindert wird.[1]) Die Reform müßte damit einsetzen, daß grundsätzliche Fragen, wie das Verhältnis der staatlichen zur Kommunalverwaltung und die örtliche Dezentralisation, vorher gelöst werden. Einer solchen grundsätzlichen Lösung standen lange Zeit die Verhandlungen über Gebietserweiterungen, die sogenannte Großhamburgfrage, im Wege. Auch war die örtliche Vereinigung zusammengehöriger Verwaltungszweige wegen der herrschenden Raumnot nicht möglich. So kam es, daß die Ergebnisse der äußeren Verwaltungsreform gering waren und auch weiterhin keinen großen Erfolg erwarten lassen. Der einzige wirkliche Gewinn war die Reorganisation der Behörde für das Versicherungswesen: durch Zusammenlegung der verschiedenen Krankenkassen konnte die Zahl der Beamten von 214 auf 107 und die Zahl der Hilfskräfte von 629 auf 367 vermindert werden.[2]) Durch den Abbau von 1924 scheint es möglich zu werden, die Behörden in staatlichen Gebäuden so weit zusammenzulegen, daß die Anmietung von Räumen in Privatgebäuden langsam aufhören kann. Auf dem Gebiete der Rechtspflege hat die Reichsgesetzgebung Anfang 1924 eine Vereinfachung und Personalersparnis gebracht, die sich erst langsam auswirken wird.

Mit dem bisher Eerreichten darf die Reform nicht beendet sein. Das Hauptziel wird trotz aller Schwierigkeiten in der Beseitigung entbehrlicher Arbeit und der Vereinfachung der Geschäftshandhabung, in der Abschaffung kostspieliger Kontrollen und Statistiken und in der Verjüngung des Personals zu suchen sein. Die Rückbildung des Behördenapparates und die Verminderung der per-

---

[1]) Welche Kräftezersplitterung durch die Ressortpolitik der Behörden entstehen kann, zeigt das Gebiet des Wohnungswesens: Hier arbeiten außer mehreren bürgerschaftlichen Kommissionen und Ausschüssen der Bezirkswohnungskommissar, die Behörde für Wohnungspflege, das Instandsetzungsbüro der Finanzdeputation, die Beleihungskasse für Hypotheken und in manchen Fällen auch noch die Domänenverwaltung und die Baupolizeibehörde nebeneinander.

[2]) Senatsantrag vom 17. Jan. 1921.

sönlichen und sachlichen Ausgaben wird sich dann von selbst einstellen.

Eine namhafte Entlastung der Ausgabenseite trat durch die Neuordnung der Steuerverwaltung ein. Infolge der Errichtung einer reichseigenen Abgabenverwaltung nach dem Reichsgesetz über die Finanzverwaltung vom 10. September 1919 mußte die hamburgische Steuerverwaltung völlig umgestaltet werden. Die bisherigen Steuerangelegenheiten Hamburgs übernahm teils das neugegründete Landesfinanzamt Unterelbe und die ihm nachgeordneten Finanzämter, teils das Reichsfinanzministerium. Infolgedessen konnten die Steuerdeputation, die Deputation für indirekte Steuern und Abgaben, die Erbschaftssteuerverwaltung und die Senatskommission für das Zollwesen aufgehoben werden. Der Übergang der Geschäfte erfolgte am 1. April 1920. Die Senatskommission für das Zollwesen war bereits im Januar 1920 aufgehoben. Gleichzeitig wurden die vorhandenen Verwaltungseinrichtungen und 2644 hamburgische Beamte der Zoll- und Steuerverwaltung vom Reich übernommen.

Bei der Auflösung der hamburgischen Steuerverwaltung ging aber nicht nur die Verwaltung der vom Reich übernommenen Steuern an das Landesfinanzamt über, sondern gleichzeitig auch die Verwaltung von Steuern, deren Erhebung Hamburg verblieb. Mit Genehmigung des Reichsfinanzministers verwaltete das Landesfinanzamt folgende hamburgischen Steuern: die Wohnsteuer, die Gewerbesteuer einschließlich Gehaltssummensteuer, die Kirchensteuer, den hamburgischen Teil der Stempelabgabe, den Zuschlag zur Reichsgrunderwerbssteuer und den Rest des hamburgischen Zuschlages zur Reichserbschaftssteuer. Die Kosten für die Verwaltung dieser Steuern muß nach § 19 der Reichsabgabenordnung das Reich tragen. Nur die geringen Kosten für die Formulare trägt nach einer Vereinbarung Hamburg. Ein annäherndes Bild von der Vermehrung der Verwaltungskosten erhält man dadurch, daß man die Zahl der jetzt im Bereich des Landesfinanzamtes Unterelbe beschäftigten Beamten und Angestellten mit der entsprechenden Zahl bei der früheren hamburgischen Steuerverwaltung vergleicht. Die hamburgische Steuerdeputation beschäftigte bei ihrer Auflösung 221 Beamte und etwa 680 Angestellte, deren Zahl je nach den vorliegenden Arbeiten wechselte. Die Deputation für indirekte Steuern und Abgaben beschäftigte rund 2400 Beamte und eine Zahl von Angestellten, die sich nicht genau ermitteln läßt. Im Geschäftsbereich des Landesfinanzamtes Unterelbe wurden 1922, abgesehen von der Präsidialgeschäftsstelle, der Oberfinanzkasse und den Zweigstellen des Reichsbauamtes, lediglich im Bereich der früheren hamburgischen Zoll- und Steuerverwaltung 3859 Beamte, 1484 Angestellte und 206 Arbeiter beschäftigt.[1]) Das war eine Vermehrung von über 2000 Köpfen.

[1]) Nach Angabe des Landesfinanzamtes.

Allerdings hatte das Landesfinanzamt eine Reihe neuer Steuern zu verwalten, die früher nicht erhoben wurden. Auch war die Veranlagung und Kontrolle zur Bekämpfung der Kapital- und Steuerflucht erheblich umfangreicher geworden. Hamburg würde allein gar nicht in der Lage gewesen sein, den Erfassungs- und Kontrollapparat so auszubauen, wie es das Reich durch die Aufhebung des Bankgeheimnisses, die Postüberwachung und andere Maßnahmen getan hat.

Außer den genannten Steuern verblieben aber bei Hamburg noch einige Steuern, deren Verwaltung es selbst behielt und nach Auflösung der früheren Steuerverwaltung anderen Behörden übertragen mußte. Vom 1. April 1920 ab wurde folgende Regelung getroffen. Die Verwaltung der Grundsteuer, der Wertzuwachssteuer, der Lustbarkeitssteuer und der Wohnungsbauabgabe ging an die Finanzdeputation über, die Erhebung des Tonnengeldes, dessen Bezeichnung in Hafengeld geändert wurde, an die Deputation für Handel, Schiffahrt und Gewerbe. Die Polizeibehörde übernahm außer der Wanderlagersteuer und der Hundesteuer auch noch die Verwaltung der neugeschaffenen Steuern für Lustfahrzeuge auf der Alster und für Reitpferde. Die übrigen Abgaben, die ihrer Natur nach Gebühren sind und fälschlicherweise oft als Steuern bezeichnet werden, werden durch die zuständigen Behörden erhoben, z. B. die Löschabgabe von der Deputation für das Feuerlöschwesen, das Schulgeld von der Oberschulbehörde usw. Bei der Finanzdeputation wurde eine Steuerabteilung errichtet, die übrigen Behörden konnten die neuen Aufgaben ohne wesentliche Veränderung übernehmen. So brachte die Neuordnung der Steuerverwaltung für Hamburg manche Ersparnisse.

3. Kritik der Ausgabenpolitik.

Das Ziel, das mit der Beschränkung der Ausgaben erreicht werden sollte, war theoretisch klar und bestimmt. Bei der praktischen Durchführung stellten sich allerdings Hemmungen verschiedener Art ein, die nicht alle überwunden wurden. Zwar hatte sich Hamburg vielerlei Beschränkungen auferlegt, doch trat eine Unterscheidung zwischen Ausgaben, die zurückgestellt werden können, und solchen, die zur Aufrechterhaltung der staatlichen Ordnung unabweislich sind, für den Außenstehenden nicht genügend scharf hervor. Bei manchen Ausgaben kann man sich sogar des Eindruckes nicht erwehren, daß sie mit dem unabweisbaren Zwang zur Sparsamkeit nicht vereinbar waren. Unbedingt notwendig sind nur Ausgaben, die zur Erhaltung der Ordnung im Innern (Polizei und Justiz) und zur Versorgung der Bevölkerung mit den Lebensnotwendigkeiten (öffentliche Betriebe, Gesundheitswesen, Verkehrswesen) dienen. Dagegen lassen sich alle Ausgaben für Repräsentation, Kunst, Unterrichtswesen, Kulturpflege usw. herabsetzen, ohne den Staatszweck zu gefährden. Selbstverständlich müssen auch die Verwaltungskosten soweit als möglich herabgeschraubt werden. Diesen Grundsätzen ist man in Hamburg nicht immer gefolgt. Gegenüber der Vorkriegszeit sind nur die Militärlasten und die Strombaulasten infolge der Verreichlichung der Elbe fortgefallen, dagegen sind dem Staat immer wieder neue Aufgaben zugeschoben. Hierin liegt eine große Gefahr. Die geschilderte Überspannung des Unterrichtswesens z. B. läßt sich auf die Dauer nicht durchhalten. Schwieriger ist die Beschränkung in den Aufgaben für Wohlfahrtszwecke. Bei der ständig wachsenden Not weiter Bevölkerungsschichten kann natürlich nicht daran gedacht werden, die staatlichen Unterstützungen einzustellen, aber die Drohung mit inneren Unruhen sollte nicht dazu verleiten, das Prinzip strengster Sparsamkeit zu durchbrechen. „Erst in dem Maße, in dem wir die Kriegsverluste wieder einholen, werden wir im Stande sein, im gleichen Umfange wie früher Arbeitskraft und Kapital auch für Zwecke aufzuwenden, die nicht wirtschaftlicher Natur sind.“[1])

Noch eine weitere Unterscheidung der Ausgaben ist von Bedeutung, nämlich die nach der Reproduktivität. Es muß zwischen Verwendungszwecken unterschieden werden, die unmittelbar oder auf Umwegen die Wirtschaft befruchten, und solchen, die unproduktiv sind. Die baldproduktiven Ausgaben für wirtschaftliche Zwecke verdienen den Vorrang vor den spät- oder unproduktiven. Zu den baldproduktiven Ausgaben gehören u. a. Aufwendungen für die Häfen, Güterverkehrsanlagen, öffentliche Betriebe, zu den spätproduktiven Ausgaben Hochbauten, Wohnungsbauten, Verkehrsanlagen, zu den unproduktiven Garten- und Parkanlagen, Denkmäler, Aufwendungen für Repräsentationszwecke und alle reinen Verwaltungskosten. Auch in dieser Richtung können Einschränkungen vorgenommen werden. Nach einer preußischen Statistik sind die Ausgaben Preußens für wirtschaftliche Zwecke (Landwirtschaft, Handel und Gewerbe, öffentliche Bauten) in der Zeit von 1849—1910 von rund 30% auf rund 13% der gesamten Zivilverwaltungsausgaben gesunken, dagegen die Ausgaben für Kultur, Unterricht und Justiz von 32% auf 58% gestiegen.[2]) Ähnlich liegen die Verhältnisse in Hamburg. Eine Rückkehr zu der früheren Sparsamkeitspolitik des Staates könnte in mancher Beziehung nicht schaden. Allerdings ist es falsch, die Sparsamkeit so weit zu treiben, daß die nötigen Erneuerungen, z. B. die Reparaturen an Hochbauten, am Straßenpflaster und dergleichen, ganz zurückgestellt werden. Hier rächt sich die Sparsamkeit meist über kurz oder lang durch erhöhte Ausgaben.

Die größte Bedeutung haben aber die Ersparnisse an persönlichen Ausgaben. Auf diesem Gebiet ist in Hamburg zweifellos noch nicht das erreicht, was möglich wäre. Eine energisch durch-

[1]) Mombert, Die Ökonomie der Arbeitskraft in Conrad's Jahrbüchern III. Folge 53. Bd. S. 596).

[2]) Klewitz, Die von Staat und Kommune für den Einzelhaushalt übernommenen Leistungen, Leipzig, 1911, S. 97.

geführte Verwaltungsreform vermag sicher noch mehr Erfolge als bisher zu erzielen. Der Verwaltungsapparat ist, selbst wenn man berücksichtigt, daß Hamburg nicht nur Gemeindeangelegenheiten sondern auch Staatsangelegenheiten zu verwalten hat, zu groß. Es ist bereits auf den Vergleich mit anderen deutschen Großstädten hingewiesen, wonach Hamburg fast dreimal so viel Beamte und Angestellte hat, als durchschnittlich die preußischen Großstädte. Daß hier eine ungesunde Aufblähung vorliegt, wird nicht zu bestreiten sein. Der große Verwaltungsapparat ist auf die jetzige, unübersichtlich und unzeitgemäße Behördenorganisation zurückzuführen. Durch eine straffe Neugliederung der Behörden können nennenswerte Ersparnisse erzielt werden. Allerdings werden harte Kämpfe nötig sein, um die einseitige Ressortpolitik der Behörden zu brechen.

Gegen den Abbau des Verwaltungsapparates wird oft der Einwand geltend gemacht, daß die entlassenen Angestellten und Arbeiter der Erwerbslosenfürsorge anheimfallen und dem Staat neue Kosten verursachen würden. Dieser Einwand ist nicht stichhaltig. Die jetzige Tätigkeit der überflüssigen Kräfte im Staatsdienst ist völlig unproduktiv, dagegen würden die freiwerdenden Kräfte voraussichtlich im Wirtschaftsleben, wenn die wirtschaftliche Depression einmal überwunden ist, eine produktive Beschäftigung erhalten. Ihre Beibehaltung im Staatsdienst ist also, ganz abgesehen von dem Unterschied in der jetzigen Entlohnung und der Erwerbslosenunterstützung, ein wirklicher Verlust für den Staat. Der Grundsatz der Steigerung der wirtschaftlichen Leistungsfähigkeit wird nirgends so wenig beachtet, wie in der öffentlichen Wirtschaft.

Endlich ist hier noch auf die Gefahr hinzuweisen, die in dem Bestreben einzelner Verwaltungszweige und Beamtengruppen liegt, eine Höhergruppierung in der Besoldungsordnung zu erreichen. Einzelne Behörden haben den unberechtigten Ehrgeiz, sich den Rang eines Ministeriums beilegen zu wollen (Senatskanzlei, Finanzdeputation, Oberschulbehörde u. a.). Bei der innigen Verflechtung von Gemeinde- und Staatsangelegenheiten fehlt hierfür in Hamburg die innere Berechtigung. Ebenso lassen sich die Bestrebungen einzelner Beamtengruppen nach Bevorzugung gegenüber den gleichartigen Beamten im Reich und in anderen Ländern nicht mit dem Prinzip strengster Sparsamkeit vereinbaren.

Die Einschränkungen in den Personalausgaben lassen sich in folgendes Programm kurz zusammenfassen: Neugliederung der Behördenorganisation, Auflösung kleiner Behörden und Kassen, keine Personalvermehrungen und keine Einreihung in zu hohe Gehaltsklassen, Steigerung der Arbeitsleistungen durch Loslösen vom starren Achtstundentag. Für die Verminderung der Sachausgaben kann etwa folgendes Sparprogramm dienen:

a) Zusammenlegen der verstreut liegenden Dienststellen zur Ersparung von Personal und Miete. Keine Dienststellen in privaten Räumen.

b) Einstellen der Unterstützungen an minderwichtige Vereine.

c) Verminderung der Kosten des Unterrichtswesens, Abbau des Fortbildungsschulwesens, Wiedereinführung des Schulgeldes, Erhebung von Gebühren für die Benutzung von Schulräumen und Turnhallen, laufende Überwachung der Klassenfrequenz der Schulen und der Unterrichtsstundenzahl der Lehrer.

d) Überprüfung sämtlicher Dienststellen hinsichtlich des Raumbedarfs und der Ausgaben für den inneren Betrieb, Aufsicht über pünktliche Innehaltung der Dienststunden an Hand von Nachweisen über die Diensteinteilung.

e) Vereinfachung im Rechnungs- und Kassenwesen, Einführung der kaufmännischen Buchführung, Zusammenlegen kleiner Haushaltsposten, Einschränkung in der Nachprüfung von kleinen Beträgen.

f) Abschaffung der Fernsprechanschlüsse zu den Privatwohnungen von Beamten. (Bedeutung gering.)

g) Heranziehen der Feuerwehr und der Ordnungspolizei zu Umzügen, Transporten und dergleichen, Abschaffung der berittenen Schutzmannschaft.

h) Zentralisierung des Einkaufs und der Verwaltung aller Büromaterialien, Errichtung von Austauschstellen für Schreibmaschinen, Hausfernsprechern und dergleichen, Herstellung der Drucksachen in eigenen Staatsbetrieben (Gefängnisverwaltung, Erwerbsbeschränktenfürsorge).

i) Stillegen der Betriebe während der ungünstigen Jahreszeiten, z. B. der Badeanstalten während der Wintermonate, Schließen der Museen und öffentlichen Sammlungen während der Wintermonate.

k) Vereinfachung des Verdingungswesens nach den vom Reichsverdingungsausschuß des Reichstags aufgestellten Richtlinien, Vergebung der Arbeiten und Lieferungen durch die sachverständigen Behörden.

Wenn das vorstehende Sparprogramm auch in einzelnen Punkten abänderungsfähig und ergänzungsbedürftig ist und wenn es auch nur kleine Mittel für eine Beschränkung der Ausgaben enthält, so zeigt es doch vielleicht manche neue Wege. Einen wirklichen Erfolg verspricht es erst dann, wenn sämtliche Kreise der Verwaltung von der Überzeugung durchdrungen sind, daß sich die bisherige Ausgabenpolitik auf die Dauer nicht aufrecht erhalten läßt. Hierzu bedarf es noch vielfacher Aufklärung in der Richtung, daß die bürokratische Form der Verwaltung allmählich durch wirtschaftlichen Geist ersetzt werden muß.

Die bisher getroffenen Maßnahmen verwaltungstechnischer Art haben als Grundlagen für eine Neuorientierung eine gewisse Bedeutung, dürfen aber noch nicht den Abschluß der Entwicklung bilden. Mit den bisherigen Erfolgen ist zweifellos die Grenze des Möglichen noch nicht erreicht.

IV. Die Entwicklung der Einnahmen von 1914 bis 1924.

1. Die einzelnen Einnahmequellen.

Unter den Folgen des Krieges hat Hamburg wohl mehr gelitten als jede andere deutsche Stadt. Die Hauptader des hamburgischen Wirtschaftslebens, der Hafen, war zeitweise ganz unterbunden. Der Schiffsverkehr, der im Jahre 1913 über 14 Millionen Nettoregistertons umfaßte, sank während des Krieges auf ganz geringe Zahlen herab, lebte in den ersten Nachkriegsjahren nur langsam wieder auf und erreichte erst im März 1923 die Friedensstärke. Der Ausfall im Hafenbetriebe machte sich nicht nur in den Hafen- und Kaigebühren bemerkbar, sondern zog viel weitere Kreise, da ein wesentlicher Teil der Einnahmen der hamburgischen Bevölkerung aus dem überseeischen Handelsverkehr stammt. Für den Ausfall vermochte der Zuzug an industriellen Unternehmungen im Kriege und in der ersten Nachkriegszeit keinen Ausgleich zu schaffen.

Schon die äußerliche Gegenüberstellung der Gesamteinnahmen in den einzelnen Rechnungsjahren ergibt ohne weiteres, daß sie den Ausgaben immer mehr nachhinkten. Bei einer Umrechnung auf Gold zeigt sich weiter, daß sie auch tatsächlich immer mehr abnahmen. Um die Einflüsse kennen zu lernen, die im einzelnen diese ungünstige Entwicklung hervorgerufen haben, bedarf es zunächst einer Erörterung, aus welchen Quellen die Einnahmen stammen. Sie werden nach alter hamburgischer Praxis in den Staatshaushaltsabrechnungen eingeteilt in Einnahmen: a) aus Staatsvermögen, Grundbesitz und Regalien, b) Steuern und Abgaben, c) Gebühren und sonstigen Einnahmen der einzelnen Behörden. Die Einnahmen aus den Betriebsverwaltungen werden nicht besonders zusammengefaßt.

Die Einnahmen aus Grundbesitz setzen sich zusammen aus Grundmieten und Renten, Mieten von Gebäuden und Plätzen, Pachten aus Pachtgütern und Ländereien und Mieten für Kai- und Hafenstrecken. Die Grundmieten und Renten fließen aus dinglichen Rechten an Privatgrundstücken, die sich in allen Teilen des Staatsgebiets befinden. Seit alter Zeit ist es üblich, daß der Staatsgrund beim Verkauf an Private mit einer immerwährenden Rente belastet wird. Oft lautet diese Rente noch auf die alte hamburgische Währung Mark Courant. Die Mieten für Gebäude und Plätze stammen aus dem großen Besitz des Staates an Gebäuden und an Staatsgrund.[1]) Das Verzeichnis der dem Staat ge-

[1]) 1914 waren im Ganzen 1692 Grundstücke im Staatsschutz, davon 939 bebaute (Jahresbericht des Statistischen Landesamtes von 1914).

hörigen Gebäude und Plätze, das jährlich der Staatshaushaltsabrechnung beigelegt wird, umfaßt viele Druckseiten. Es ist daher unmöglich, hier auf Einzelheiten einzugehen, zumal der Staatsbesitz dauerndem Wechsel unterworfen ist, indem Staatsgrund verkauft oder Privatgrund gekauft oder enteignet wird. Die Pachteinnahmen stammen aus der großen Zahl von Pachtgütern und Pachtländereien, deren Verzeichnis gleichfalls mehrere Druckseiten umfaßt. Endlich ist ein größerer Teil der Kaistrecken und Hafenanlagen im Freihafen und in Cuxhaven verpachtet. Während des Krieges waren Kaischuppen an die Heeresleitung überlassen, nach dem Kriege hatte das Reichsverwertungsamt am neuen Petroleumhafen Plätze gemietet. Auch hat die Tschechoslowakei auf Grund des Friedensvertrages Teile des Spreehafens in Pacht genommen.

Die Einnahmen aus dem Staatsvermögen fließen aus der Beteiligung an Unternehmungen, den Zinsen für Darlehen und Hypotheken, aus dem Besitz an Wertpapieren und aus der Ausgabe von Aushilfsscheinen. Über die Beteiligung des Staates an gemischt-wirtschaftlichen Unternehmungen wird später berichtet. Hier sei nur kurz der Besitz von 750 Stammaktien der Lübeck—Büchener Eisenbahn und von Vorzugsschuldverschreibungen der Stadttheatergesellschaft erwähnt. Aus der von der Reichseisenbahn betriebenen Stadt- und Vorortsbahn, der Unterelbischen Bahn nach Cuxhaven und der alten Hafenbahn in Cuxhaven bezieht Hamburg in der Form von Pacht und von Zinsen für die aufgewandten Baukapitalien Einnahmen. Auch hat der Staat eine große Anzahl von Hypotheken in Privatgrundstücken aus Restkaufgeldern. Die Hypotheken, die für Wohnungsneubauten gegeben sind und seit 1923 auf Gold lauten, werden erst Bedeutung erlangen, wenn die Grundstücke in ihren eigentlichen Wert hineingewachsen sind. Bei den Darlehen handelt es sich meist um Unterstützungen von Vereinen, Stiftungen und gemeinnützigen Unternehmungen. Der Besitz an Wertpapieren wechselt ständig und wird nicht näher nachgewiesen.

Unter Regalien ist die Nutzung von niederen Hoheitsrechten zu verstehen, die der Staat sich vorbehalten hat und an andere verleiht. Als Regalien kommen Nutzungen an den staatlichen Wäldern, Jagden und öffentlichen Gewässern, die Benutzung öffentlichen Grundes und der Betrieb der Staatslotterie in Frage. Hamburg besitzt in Altengamme, Brockeswalde, Geesthacht, Groß-Hansdorf und Wohldorf Wälder, aus denen es besonders aus Holzauktionen Beträge zieht. Jagdverpachtungen sind in den Haushaltsabrechnungen über 20 angeführt. Die Fischerei auf der Alster, der Bille, der Dove- und Gose-Elbe, den verschiedenen Kanälen und Entwässerungsgräben und auf den Teichen des Staatsgebietes ist verpachtet. Auch werden für die Eisnutzung in diesen Gewässern sowie für die Anlage von Landungsbrücken, Bootsstegen und Bootsvermietungsplätzen Pachten erhoben. Der öffentliche Grund ist unter anderm für die Errichtung von Anschlagsäulen, Verkaufsständen, Trinkhallen, Telephonbuden und Reklameschildern an private Unternehmer vergeben. Im Winter werden meist einige Staatsplätze für den Betrieb von Eisbahnen verpachtet. Alle diese Pachten, so unbedeutend sie im einzelnen sind, stellen sichere Einnahmequellen dar. Die Staatslotterie warf vor dem Kriege regelmäßig einen Überschuß von 4 Millionen Mark ab, während des Krieges und in der Inflationszeit ging der Ertrag zurück. Er ist im Voranschlag für das Rechnungsjahr 1924 mit 1 Million Goldmark wohl zu hoch eingesetzt.

Die Gesamteinnahmen aus Grundbesitz, Regalien und Staatsvermögen beliefen sich 1913 auf 44,7 Millionen Mark, 1920 auf 268,2 Millionen Papiermark. Ein Vergleich mit dem Voranschlag für 1924 ist nicht möglich, da diese Einnahmen neuerdings in andern Abschnitten veranlagt sind.

Große Bedeutung haben die Einnahmen aus Gebühren. Von fast allen hamburgischen Behörden werden für die verschiedensten Amtshandlungen Gebühren in schier unübersehbarer Fülle erhoben. Die Erhebung erfolgt entweder durch direkte Einzahlung oder in Form eines Stempels. Die Einnahmen aus Gebühren betrugen 1913 mit 27,3 Millionen Mark etwa 14,5% der Gesamteinnahmen. Wenn auch dieser Verhältnissatz im Laufe der Jahre geringer geworden ist, so stellen die Gebühren doch heute noch einen wichtigen Aktivposten des Staatshaushaltes dar.

Die wichtigste Einnahmequelle des Staates sind die Steuern. 1913 stammten rund 75% der Gesamteinnahmen aus Steuererträgen. Dieser Prozentsatz hat allerdings in der Folge abgenommen, doch bringen die Steuern heute immer noch über die Hälfte aller Staatseinnahmen. Während des Krieges sind die Einnahmen aus Steuern ziemlich dieselben geblieben, erst 1919 setzte die nominelle Steigerung, die reale Minderung ein. Mit dem Rechnungsjahr 1920 trat die große Verschiebung durch die Reichsfinanzreform ein. Das Reich beanspruchte die Hauptmasse der direkten Steuern für sich und beteiligte die Länder und Gemeinden nur mit einem gewissen Anteil an dem Aufkommen der Reichssteuern. Die finanzielle Selbständigkeit der Länder und Gemeinden ging damit zu einem wesentlichen Teil verloren. Hamburg mußte seine wichtigsten Steuerquellen, die Einkommensteuer, die Vermögenssteuer, die Stempelabgabe und die Immobilienabgabe so gut wie ganz an das Reich abtreten. Die Einkommensteuer, die 1913 über die Hälfte der gesamten Steuereinnahmen erbracht hatte, hatte während des Krieges eine wesentliche Steigerung erfahren. Vor dem Kriege waren $7^1/_2$ Steuereinheiten erhoben. Die Einheit betrug damals im Höchstfalle 1,2% des Einkommens, so daß sich die höchste Belastung der großen Einkommen auf 9% belief. Im Laufe des Krieges wurde die Zahl der Einheiten auf 10 gesteigert. Im Jahre 1919 wurde der Betrag einer Einheit auf 1,5% des Einkommens erhöht. Außerdem wurde durch Gesetz vom 18. Januar

1919 betreffend die Verfassung der Stadtgemeinde Hamburg und die Erhebung einer Gemeindeeinkommensteuer für die Stadt Hamburg noch ein Zuschlag von weiteren 2 Einheiten als Gemeindeeinkommensteuer erhoben. Die im ganzen erhobenen 12 Steuereinheiten belasten danach bei einem Steuersatz bis zu 1,5% das Einkommen im Höchstbetrage bis zu 18%, so daß die Einkommensteuer der großen Einkommen verdoppelt war. Dadurch steigerte sich der Ertrag von rund 57 Millionen Mark im Jahre 1913 auf rund 189 Millionen Mark im Jahre 1919.

Die Vermögenssteuer wurde erst im Jahre 1917 eingeführt. Sie belastete die Vermögen im Höchstfalle bis zu 3‰. Der Ertrag dieser Steuer war 1917 und 1918 je 12 Millionen Mark, 1919 15 Millionen Mark. Die Immobilienabgabe, die während des Krieges geringe Erträge abgeworfen hatte, war 1919 wieder auf 7 Millionen Mark gestiegen. Alle diese Steuern gelangten im wesentlichen nur bis zum 31. März 1920 zur Erhebung und gingen dann an das Reich über. Als wesentlichste Steuer verblieb Hamburg nur die Grundsteuer, deren Erträge sich während des Krieges und in der ersten Nachkriegszeit kaum änderten. Das Tonnengeld, eine Gebühr für die Benutzung des Hafens, ging naturgemäß während des Krieges infolge Einschränkung des Hafenverkehrs in seinem Ertrage stark zurück. Außerdem verblieben Hamburg die Wertzuwachssteuer, die Lustbarkeitssteuer, der hamburgische Zuschlag zur Reichserbschaftssteuer, die Löschabgabe und einige wenige Steuern von geringer Bedeutung.

Die Belastung der Bevölkerung, die sich in der Zeit von 1913 bis 1920 in ihrer Zahl kaum verändert hat, durch Steuern und Gebühren erfuhr während der Kriegszeit keine wesentliche Änderung. Erst 1920 stieg sie nominell auf das 8fache, 1921 auf das 58fache der Vorkriegszeit. Die Belastung durch Gebühren pro Kopf der Bevölkerung nahm schneller und stärker zu als die Belastung durch Steuern, da die Gebühren schneller der Geldentwertung angepaßt werden konnten.

Die Einnahmen aus den staatlichen Betriebsverwaltungen spielten in der Vorkriegszeit und während des Krieges keine große Rolle. Ihre Bedeutung wuchs erst durch die Maßnahmen der Nachkriegszeit, die später behandelt werden. Zeitweilig mußten die Überschüsse aus den Betriebsverwaltungen zur Deckung des täglichen Finanzbedarfs beitragen und einen Ausgleich für die Ausfälle an Steuern schaffen.

2. Der Einfluß der Reichsfinanzreform.

Auf die Entwicklung der Einnahmequellen des hamburgischen Staates hat die Reichsfinanzreform den allergrößten Einfluß gehabt. Hamburgs Anteil an der Reichseinkommensteuer, der Reichskörperschaftssteuer und der Reichsumsatzsteuer sowie die Teuerungszuschläge des Reichs zu den Gehältern und die sonstigen Beihilfen stellten fast die Hälfte der Gesamteinnahmen dar.

Nach dem im Landessteuergesetz vom 30. März 1920 (§ 52—55) vorgesehenen Lastenausgleich erhielten die Länder einen wesentlichen Anteil an dem Aufkommen der Reichssteuern und zwar $^2/_3$ vom Bruttoaufkommen der Einkommensteuer und der Körperschaftssteuer, $^1/_5$ der Erbschaftssteuer, die Hälfte der Grunderwerbssteuer und $^{15}/_{100}$ der Umsatzsteuer. Nach den Garantiebestimmungen des Landessteuergesetzes mußte für das Übergangsjahr 1922 der Anteil Hamburgs mindestens 125% des Ertrages der Einkommensteuer des Jahres 1919 erreichen, der Anteil an der Erbschaftssteuer mindestens das Durchschnittsaufkommen der Jahre 1912—1916. In der Praxis wurde allerdings diese Übergangsvorschrift dadurch bedeutungslos, daß der Ertrag der Einkommensteuer infolge der Geldentwertung im Jahre 1920 nominell erheblich höher als veranschlagt war. Außerdem hatten die Länder noch an einigen andern Reichssteuern von geringer Bedeutung Anteil. Durch die Novelle zum Landessteuergesetz vom 23. Juni 1923, die nach einem Fachausdruck schweizerischen Rechtes den Namen Finanzausgleichsgesetz erhielt, wurde der Anteil der Länder und Gemeinden am Reichssteuergeschäft noch erhöht. Danach erhielten sie von der Einkommensteuer und der Körperschaftssteuer $^3/_4$ des Aufkommens, von der Erbschaftssteuer $^1/_5$, das Aufkommen der Grunderwerbssteuer in voller Höhe abzüglich 4% für die Verwaltung durch das Reich, von der Umsatzsteuer $^{15}/_{100}$, von der Kraftfahrzeugsteuer die Hälfte und das Aufkommen an Rennwettsteuer in voller Höhe abzüglich der Verwaltungskosten. Zu der Grunderwerbsteuer konnten die Länder noch Zuschläge erheben. Von der Rennwettsteuer mußte $^1/_3$ zu Zwecken der Pferdezucht verwendet werden, so daß ihre Bedeutung für den allgemeinen Finanzbedarf gering war. Die erhöhte Beteiligung der Länder und Gemeinden am Ertrage der Reichssteuern erhielt noch dadurch eine Verbesserung gegenüber dem früheren Zustand, daß die Anteile größtenteils schon kurze Zeit nach der Feststellung fällig wurden, bevor sie entwertet waren. Außerdem erhielten die Länder Zuschüsse in Höhe von 75% der Mehraufwendungen der Beamtengehälter und Angestelltenlöhne gegenüber dem Stande vom 1. Januar 1921. Die Beamten und Angestellten der werbenden Betriebe blieben dabei außer Betracht. Die nach dem 1. April 1922 neu errichteten Stellen konnten berücksichtigt werden, so weit sie zur Erhaltung der Volkskultur nötig waren. Die früher geleisteten Zuschüsse verblieben den Ländern in voller Höhe.

Nach dem Landessteuergesetz verblieben den Ländern die Steuern vom Grundvermögen und vom Gewerbebetriebe, die Vergnügungssteuer und die Wertzuwachssteuer. Durch das Finanzausgleichsgesetz wurden ihnen noch Getränkesteuern und eine Steuer für die Benutzung der Wege durch Fahrzeuge überwiesen. Dagegen wurde die Wertzuwachssteuer durch das Reichsgesetz über die Berücksichtigung der Geldentwertung in den Steuergesetzen vom 30. März 1923 bedeutungslos, da bei der Feststellung des steuerbaren Wertzuwachses die innere Kaufkraft der Mark die Grundlage der Wertbemessung bilden sollte. Diese Steuer, die bei dem lebhaften Grundstückshandel der Nachkriegszeit namhafte Beträge abgeworfen hatte, mußte am 12. Juli 1923 aufgehoben werden.

Rein äußerlich betrachtet hat der Übergang der Steuern an das Reich für Hamburg gewisse Vorteile und gewisse Nachteile gebracht. Als ein Vorteil muß die Reichsfinanzreform insofern angesehen werden, als Hamburg allein wohl kaum in der Lage gewesen wäre, die Steuern derartig zu verschärfen, wie es das Reich getan hat, und die Einkommensteuer an der Quelle in der Form des regelmäßigen Abzuges vom Lohn oder Gehalt zu erheben. Zum mindesten hätte es langwieriger Verhandlungen in der Bürgerschaft bedurft, deren Folge Ausfälle an Erträgen gewesen wäre. Auch hat das Reich die kleinen Einkommen in einer Weise herangezogen, wie es den Ländern kaum möglich gewesen wäre. Endlich hätte ein einzelner Staat wie Hamburg kaum einen derartig umfangreichen Kontrollapparat zur Verhütung der Kapital- und Steuerflucht aufbauen können, wie es das Reich getan hat.

Als ein weiterer Vorteil der Reichsfinanzreform für Hamburg ist das Abkommen mit dem Reich anzusehen, wonach das Landesfinanzamt Unterelbe eine Reihe von Landessteuern für Hamburg verwaltet, ohne am Ertrage selbst beteiligt zu sein. Es handelt sich um die Wohnsteuer, die Gewerbesteuer einschließlich Gehaltssummensteuer, den Zuschlag zur Reichsgrunderwerbssteuer und zur Reichserbschaftssteuer. Hamburg spart dadurch hohe Verwaltungskosten. Im Vergleich mit anderen deutschen Städten hat Hamburg außerdem den Vorteil als Stadtstaat, daß ihm der volle Landesanteil an den Reichssteuern zugute kommt, während die Beteiligung der Gemeinden wesentlich geringer ist.

Der Nachteil der Reichsfinanzreform für Hamburg liegt einmal darin, daß früher die Einkommensteuer beweglich war und dem Bedarf angepaßt werden konnte, heute aber festliegt. Ein weiterer Nachteil liegt darin, daß Hamburg in seiner Steuerhoheit stark beschränkt ist. Dagegen ist der Fortfall der Kapitalertragssteuer für Hamburg ohne Bedeutung, da es an dieser Steuer nicht beteiligt war.

Die Rechnungsjahre 1920 und 1921, in denen zuerst die Verreichlichung der Steuerverwaltung durchgeführt war, brachten naturgemäß eine Reihe von Übergangserscheinungen. Am 1. April 1920 traten die Reichsfinanzämter an die Stelle der alten Steuerämter, mit übernommenen Beamten und Angestellten, die erst eingearbeitet werden mußten. Es ist klar, daß der neue Apparat zunächst nicht dieselbe Leistungsfähigkeit aufbringen konnte wie die altbewährten Steuerdeputationen. Es ist oft gesagt worden, der Gedanke der Vereinheitlichung der Steuerverwaltung war groß und gut, aber die Organisation der Durchführung war schlecht. Man vergißt dabei, daß die neuen Kräfte ihrer Aufgabe und der Geldentwertung garnicht gewachsen sein konnten, zumal die Steuerverwaltung infolge Rückgang der Steuermoral schwieriger war als früher. Die Folge der Neuorganisation waren verspätete Veranlagung und Verzögerung der Eingänge. Das Rechnungsjahr 1920 galt als Übergangsjahr. Für dieses Jahr wurde zunächst nur das nach der letzten staatlichen Veranlagung festgestellte Einkommen zu Grunde gelegt, also das Einkommen von 1918. Die Erweiterung des Einkommenbegriffs blieb vorläufig außer Betracht. Erst nach Ablauf des Jahres 1921 erfolgte die endgültige Veranlagung für 1920, die auch für 1921 Gültigkeit behielt und teilweise 1922 noch nicht beendet war. Das Jahr 1919 fiel für die Veranlagung der Einkommensteuer überhaupt aus. Ähnlich erging es bei den übrigen veranlagten Steuern. Auch in der Folge war die neue Finanzverwaltung nicht imstande, die Steuererhebung mit der Eile durchzuführen, die durch die Geldentwertung geboten war.

Zu den Fehlern der Organisation kamen noch die Auswirkungen der ungünstigen Wirtschaftslage der Übergangszeit. Der Anfang des Jahres 1919 stand noch im Banne der Revolution, der ersten Streiks und Lohnerhöhungen. Handel und Industrie mußten sich erst langsam wieder auf die veränderten wirtschaftlichen Verhältnisse einstellen, die Einführung des Achtstundentages und die verminderte Arbeitsleistung stellten sie vor neue Aufgaben. Das Jahr 1920 war für Handel und Industrie noch schlechter, da infolge verminderter Kaufkraft des Publikums eine Stagnation im März einsetzte. Sie fanden daher bei der Erhebung der Steuern weitestgehende Schonung. Nur die Besteuerung der Lohn -und Gehaltsempfänger erfolgte schon 1920 durch unmittelbaren Lohnabzug, als gerade die ersten Lohn- und Gehaltserhöhungen in größerem Umfange einsetzten.

Wann die Übergangserscheinungen überwunden wurden, läßt sich schwer feststellen. In Hamburg lagen die Verhältnisse insofern günstiger als anderswo, als die bewährten Steuerdeputationen mit ihren langjährigen Kenntnissen der lokalen Verhältnisse vom Reich übernommen wurden. Trotz mancher Mängel aber würde nichts verfehlter sein, als die Reichssteuerverwaltung, die heute wohl die stärkste Klammer der Reichseinheit ist, sofort wieder aufzulösen. Ihre Aufteilung würde auch steuertechnisch bedenklich sein, da eine sehr verschiedene Beurteilung der einzelnen Steuerpflichtigen eintreten würde. Zu unsicheren und kostspieligen Experimenten ist die heutige Zeit weniger angetan als je. Gerechterweise muß man zugeben, daß die Reichssteuerverwaltung bisher keine Gelegenheit gehabt hat, ihre Brauchbarkeit unter stabilen Verhältnissen zu beweisen. Erst nach einer wirklichen Konsolidierung kann der Augenblick gekommen sein, um die finanzielle Selbstständigkeit der Länder und Gemeinden wiederherzustellen.

Eine Neuregelung des Finanzausgleichs zwischen Reich und Ländern trat durch die dritte Steuernotverordnung vom 14. Februar 1924 ein. Die Länder erhielten vom 1. Februar ab 90% vom Aufkommen an Einkommensteuer und Körperschaftssteuer, 20 % vom Aufkommen an Umsatzsteuer, das Aufkommen an Kraftfahrzeugsteuer und Börsenzulassungssteuer in voller Höhe. Dafür wurden ihnen neue Lasten auferlegt und zwar die Aufgaben der Wohlfahrtspflege, des Schul- und Bildungswesens und der Polizei. Zur Wohlfahrtspflege gehört auch die Fürsorge für Sozialrentner und Kleinrentner, für Kriegsbschädigte und Kriegshinterbliebene, die Wochenfürsorge und die Flüchtlingsfürsorge. Außerdem wurde den Ländern eine Mietzinssteuer (Aufwertungssteuer von bebauten Grundstücken) zur Erhebung überlassen. Diese Neuregelung bedeutete im wesentlichen nur eine anderweitige Verteilung der Einnahmen und eine Verschiebung der Ausgaben, aber keinen Abbau der Verwaltungsaufgaben. Für Hamburg war die Neuregelung insofern günstig, als die Mietzinssteuer nicht erst eingeführt zu werden brauchte, sondern eine Erhöhung der bisherigen Grundsteuer genügte, die bereits den Charakter einer Mietzinssteuer trug. Für das weitere finanzielle Ergebnis wird es wichtig sein, ob das Reich einen Teil der Kosten der Polizei und der Wohlfahrtspflege übernehmen wird.

3. Der Einfluß der Geldentwertung auf die Einnahmen.

Der Einfluß des Währungsverfalls auf die Entwicklung der Einnahmen machte sich nach verschiedenen Richtungen geltend. Eine der nachteiligsten Folgen war die Verschiebung in der Steuerkraft der Bevölkerung.

Die hamburgische Bevölkerung galt vor dem Kriege mit Recht als wohlhabend. Das Durchschnittseinkommen stand über dem Reichsdurchschnitt, das versteuerte Volkseinkommen wies jährlich Zunahmen auf, besonders das der unteren Einkommenklassen[1]). Die Zahl der Steuerzahler in den höchsten Einkommenklassen war verhältnismäßig groß. Die Löhne der Arbeiter standen in den meisten Gewerbegruppen im ganzen Reich an der Spitze. Die Beamtengehälter waren durchweg höher als in anderen Städten. Dagegen war der Anteil der Rentner an den Steuerpflichtigen mit 6% gegenüber dem Reichsdurchschnitt mit 7,5% oder gar ausgesprochenen Rentnerstädten wie Wiesbaden mit 15 % gering. Nach der Berufszählung von 1907 gehörten 39,73% der Erwerbstätigen der Gruppe Handel und Verkehr an, gegenüber einem Reichsdurchschnitt von 11,4%. Auf die Industrie, einschließlich Handwerk, entfielen 39,07% der Erwerbstätigen. Auch übertra en die erwerbsfähigen Altersklassen von 15—70 Jahren den Reichsdurchschnitt. Aus der Statistik ließ sich deutlich eine starke Zuwanderung von Erwerbsfähigen in den besten Lebensjahren erkennen[2]). Auch das steuerbare Vermögen war verhältnismäßig hoch. Die Veranlagung zum Wehrbeitrag 1913 ergab ein steuerbares Vermö-

[1]) R. E. May, Das hamburgische Volkseinkommen im Jahre 1907, Schmollers Jahrbuch 1910, I, S. 329.

[2]) Statistische Mitteilungen über den hamburgischen Staat Nr. 5.

gen von rund 5 Milliarden Goldmark, und zwar entfielen auf die höchsten Vermögensgruppen mit Vermögen von mehr als einer Million Goldmark der Schätzungsbetrag von fast 2 Milliarden Gold[1]). Über die Zusammensetzung der Vermögen war allerdings nichts bekannt.

Mit der fortschreitenden Inflation trat eine völlige Änderung in den Einkommenverhältnissen und in der Vermögensverteilung ein. Zwar hatte sich die Kopfzahl der Bevölkerung gegenüber der Vorkriegszeit kaum geändert, auch war infolge anderer Zusammensetzung der Wohnbevölkerung (kleinere Haushaltungen, weniger Minderjährige, mehr Erwerbstätige[2])) die Zahl der Steuerpflichtigen eher gestiegen, aber die steuerliche Leistungsfähigkeit ging immer mehr zurück. Zunächst wurden die Einkommen aus festverzinslichen Wertpapieren, Hypotheken und Renten vernichtet, deren Wert mit der Währung unlösbar verknüpft war. Bald folgten auch die Einkommen aus Dividenden, da die Gesellschaften nur Bruchteile eines Goldprozentes an Dividenden ausschütten konnten. Ebenso schied das Einkommen aus städtischem Grundbesitz infolge der Mieterschutzgesetze praktisch ganz aus. Das Zinseinkommen betrug 1907 in Deutschland bereits $^1/_6$ des Volkseinkommens[3]). In Hamburg machten auch die Grundeigentümer einen namhaften Teil der Steuerzahler aus. Der Fortfall dieser Einkommengruppen mußte starke Ausfälle mit sich bringen. Hinzu kam noch die Abwanderung des Kapitals ins Ausland und der Verkauf von Aktien, Gesellschaftsanteilen und Grundstücken an Ausländer, die nur einer beschränkten Steuerpflicht unterlagen.

Der weitere Verlauf der Inflation brachte auch eine Entwertung der Arbeitseinkommen. Der Realwert der Löhne sank unter vielfachen Schwankungen im Reichsdurchschnitt bei den gelernten Arbeitern von 100% im Jahre 1913 auf 53% im November 1923, bei den ungelernten Arbeitern von 100% auf 66%. Die realen Beamtengehälter sanken in dem gleichen Zeitraum, gleichfalls unter heftigen Schwankungen, bei den unteren Besoldungsgruppen auf etwa 45%, bei den mittleren auf rund 40% und bei den höheren auf rund 35% der Vorkriegsgehälter[4]). Welche Bedeutung die Einkommen der Unselbständigen (Arbeiter, Angestellte und Beamte) innerhalb des Volkseinkommens haben, mag aus folgenden Schätzungen hervorgehen: Das Einkommen der Unselbständigen betrug 1895: 45,5%, 1907: 48,6%, 1914: etwa 50% des gesamten Volkseinkommens.[5]) Die starke Beschränkung der Löhne und

[1]) Verhandlungen zwischen Senat und Bürgerschaft 1916, S. 190.

[2]) Die Zahl der Industriearbeiter hat z. B. von 1910 bis 1921 von 84 392 auf 119 913 zugenommen.

[3]) R. E. May, in Schmollers Jahrbuch 1919, IV, S. 124.

[4]) Denkschrift der Reichsregierung über Deutschlands Wirtschaft, Währung und Finanzen 1924, S. 27f.

[5]) Nach Schätzungen des Hamburger Privatgelehrten R. E. May, dem der Verfasser auch an dieser Stelle für seine Angaben verbindlichen Dank sagen möchte.

Gehälter hatte also für die Steuerkraft der gesamten Bevölkerung große Bedeutung.

Aus agitatorischen Gründen ist vielfach behauptet worden, daß die selbständigen, zur Einkommensteuer veranlagten Bevölkerungsklassen sich völlig ihrer Steuerpflicht entzogen haben. Als Beweis wird angeführt, daß während der Inflationszeit in einzelnenMonaten über 90% des Aufkommens an Einkommensteuer durch die Lohn- und Gehaltsempfänger aufgebracht sei. Diese Erscheinung darf nur als eine Ausnahme infolge Zusammentreffens ungewöhnlicher Verhältnisse bewertet, aber nicht verallgemeinert werden. Das Schwinden der alten, sicher erfaßbaren Einkommen und Vermögen, die Steuerentziehungen der Einkommen aus Spekulation, die Entwertung des Steuersolls in dem Zeitraum zwischen Entstehung der Steuerpflicht und Steuerzahlung zeitigten in einigen Ausnahmemonaten die außergewöhnliche Erscheinung Als allgemeines Ergebnis der Einkommensverschiebungen kann nur die eine Tatsache festgestellt werden, daß die Steuerkraft der Selbständigen zu Gunsten der Unselbständigen dauernd abgenommen hat. Die Unselbständigen, deren Zahl jetzt etwa ²/₃ aller Steuerpflichtigen umfaßt, beziehen jetzt etwa 56 % des gesamten Volkseinkommens.[1])

Eine weitere Änderung trat in der Zusammensetzung der Steuerpflichtigen ein. An Stelle des alten Besitzes mit steuerlichem Pflichtgefühl trat der Besitz der Neureichen, der steuerlich schwer zu erfassen ist. Zahlenangaben sind hierüber nicht möglich, doch ist der Umfang dieser Bereicherung durch die Inflationsentwicklung überschätzt worden, solange der Inflationsschleier den Einblick in die tatsächlichen Verhältnisse erschwerte.

Der Markverfall verhinderte auch die Vermögensbildung. Das Geld und Betriebskapital wurde aufgezehrt, die Kapitalneubildung und die Sparmöglichkeit unterbunden. Die Flucht aus der Mark führte dazu, übermäßige Beträge in Waren, Devisen oder anderen Sachwerten anzulegen oder dem Luxuskonsum zu opfern. Breite Bevölkerungsschichten, insbesondere der Mittelstand, verarmten, ihre Steuerkraft wurde durch die Nutznießer der Inflationsentwickelung nicht ersetzt[2]).

Hinzu kamen noch Schwierigkeiten steuertechnischer Art. Die Wirtschaftskreise hatten bald erkannt, daß ihre Gewinne in Papiermark nur Scheingewinne und in Wirklichkeit Substanzverluste

---

[1]) Vergl. Anm. 1. Nach Angaben des Landesfinanzamtes Unterelbe verhielt sich im Rumpfjahr 1921 (1. 4.—31. 12.) die Zahl der Lohn- und Gehaltsempfänger zu den Veranlagten wie 2¾ zu 1, der Anteil am Gesamtaufkommen verteilte sich auf die beiden Steuergruppen nach dem Verhältnis von 6½ zu 1. In der Zeit von Dezember 1923 bis März 1924 entfielen 52% des gesamten Steueraufkommens auf Besitzsteuern, 14% auf den Lohnabzug, 6% auf die Besteuerung des entbehrlichen Verbrauchs, 28% auf den übrigen Verbrauch.

[2]) Die Verminderung des deutschen Volksvermögens wird auf mindestens 50% der Vorkriegszeit geschätzt; vergl. Dr. Luther, Feste Mark — Solide Wirtschaft, Denkschrift 1924.

waren, und forderten Steuerbefreiungen. Es gelang ihnen, mehrfache Änderungen in den Bewertungsvorschriften durchzusetzen, durch die das Steuersystem immer komplizierter und unübersichtlicher wurde. Damit wurde auch die Möglichkeit zuverlässiger Bewertung und erschöpfender Nachprüfung immer geringer, die Lücken in der Erfassung immer größer. Eine weitere Quelle für die Minderung der Steuererträge lag in dem Zeitabstand zwischen der Entstehung der Steuerschuld und ihrer Zahlung. Die Zurückhaltung der Zahlung war ein bequemes Mittel, die Steuerlast zu erleichtern, von dem immer weitere Kreise Gebrauch machten. Es wurde zwar versucht, die Steuertarife bei Zahlungssäumnis zu verschärfen und Verzugszinsen aufzuerlegen, doch erwiesen sich diese Gegenmittel bald als unzureichend. Die Folge war, daß die Zahlungsfristen für den Staat immer verlustreicher wurden.

Die Wirkungen der Inflation auf die Einnahmen lassen sich im wesentlichen dahin zusammenfassen, daß die Steuerkraft und die Steuermoral der Bevölkerung abnahm und die steuerliche Erfassung der übriggebliebenen Steuerwerte schwieriger wurde. Der Verfall des Steuersolls in dem Zeitraum zwischen Veranlagung und Zahlung trat nur bei solchen Einnahmequellen nicht auf, die der Valutabewegung mit geringem Abstande folgten, wie z. B. die Zölle. Hamburg besaß solche Einnahmequellen nicht. Es versuchte daher immer wieder, sich Einnahmen zu verschaffen, die wenigstens einigermaßen der Bewegung der Lebenshaltungskosten folgten, und das war nur bei den Einnahmen aus den werbenden Betrieben möglich. Die Ausnutzung der Betriebseinnahmen war eine außergewöhnliche Maßnahme, eine Rückkehr zu der rohesten Steuerform, die wie eine Kopfsteuer wirkte. Sie läßt sich nur mit den ungewöhnlichen Zeitverhältnissen rechtfertigen.

4. Die Maßnahmen zur Steigerung der Einnahmen.

Die zunehmende Verschlechterung der hamburgischen Staatsfinanzen führte schon während des Krieges dazu, nach neuen Einnahmequellen zu suchen. 1917 wurde die Vermögenssteuer eingeführt und der Gaspreis zum ersten Mal heraufgesetzt. Die geplante Erhöhung der Wassergeldes lehnte die Bürgerschaft damals noch ab. Obgleich dies nicht genügte, um den wachsenden Finanzbedarf zu decken, schreckte man noch vor energischen Maßnahmen zurück. Nur vereinzelt wurden andere Stimmen laut, die auf England hinwiesen, das sich nicht mit einer Anleihepolitik begnügte, sondern auch die Steuerschraube kräftig angezogen hatte[1]). 1918 wurden nur einzelne Gebühren erhöht. Auch die Revolution und die Unruhen des folgenden Jahres standen einer Abkehr von der bisherigen Finanzpolitik im Wege. Erst die folgenden Jahre brachten wirksame Maßnahmen. Dabei wurde

---

[1]) So der Finanzdeputierte O'Swald in einer Sitzung der Finanzdeputation Anfang 1918 (Akten St. u. Abgb. I A IVb).

merkwürdigerweise an eine Beschränkung der Ausgaben zunächst kaum gedacht.

Die Maßnahmen, die bisherigen Einnahmen zu steigern und neue zu schaffen, mußten je nach der Natur der Einnahmequellen verschieden sein. Auch war der Erfolg nicht überall der gleiche. Bei den Einnahmen aus Grundbesitz, Regalien und Staatsvermögen ließ sich nur langsam eine Steigerung erzielen. Die alten immerwährenden Grundrenten ließen sich überhaupt nicht steigern und verloren daher ihre Bedeutung ganz. Eine Steigerung der Mieten und Pachtpreise war erst bei Ablauf der Verträge möglich. Auch dann standen noch die Mieter- und Pachtschutzbestimmungen im Wege. Erst 1923 ging man dazu über, die Mieten und Pachten für Staatsplätze nach einem wertbeständigen Maßstabe festzulegen. So wurde z. B. die Miete für den neuen Pavillon der Hamburg-Amerika-Linie auf dem Rondell am Jungfernstieg derartig festgelegt, daß vierteljährlich eine Summe in Reichsmark zu zahlen ist, die einem Betrage von 125 nordamerikanischen Dollars entspricht. In ähnlicher Weise ist versucht, auch die Einnahmen aus den Pachtplätzen am Hafen wertbeständig zu gestalten. so weit es die Nachfrage durch ausländische Gesellschaften zuließ. Beim Vertragsabschluß hatte die Finanzdeputation freie Hand, die Interessen des Staates hinreichend zu wahren[1]).

Wesentlich ungünstiger war die Steigerungsfähigkeit der Mieten der Wohngebäude. Der Besitz an Wohngebäuden hatte nach dem Kriege durch die staatlichen Wohnungsbauten, die ausgebauten Dachgeschoßwohnungen und die für Wohnzwecke beschlagnahmten Räume erheblich zugenommen. Die Verwaltung der staatsseitig vermieteten Wohnungen hat sich nicht nur dauernd schwierig gestaltet, sondern auch Zuschüsse erfordert. Um sich aus diesen Schwierigkeiten zu befreien, hat der Staat verschiedene vergebliche Versuche gemacht. Die Verwaltung wurde teils privaten Hausmaklern, teils besonderen, nur für diesen Zweck gegründeten Gesellschaften mit beschränkter Haftung übertragen. Aber auch diese Mittel vermochten bei dem Verhalten der Mieter keine Besserung zu schaffen. Die schlechten Erfahrungen mit der Vermietung von Privatwohnungen führten den Staat 1923 dazu, selbst keine Wohnungen mehr zu bauen, sondern gemeinnützigen Baugesellschaften oder Privatunternehmern Beihilfen zum Wohnungsbau zu geben.

Die Einnahmen aus Regalien wiesen meist eine Zunahme auf. Die Nutzungen an den staatlichen Wäldern und Jagden, sowie auch die Benutzung öffentlichen Grundes und öffentlicher Gewässer konnten jährlich in gewissem Umfange im Ertrag gesteigertwerden. Die Staatslotterie warf nach dem Kriege ohne weiteres wachsende Überschüsse ab. So unbedeutend diese Einnahmen im Einzelnen

---

[1]) Die Pachtsummen betrugen 1913: 2,6 Millionen, 1924: 1,6 Millionen Mark.

auch waren, im ganzen stellten sie eine sichere Einnahmequelle dar, die sich der Geldentwertung einigermaßen anpassen ließ.

Ähnlich gestalteten sich die Einnahmen aus Gebühren. Die Feststellung der Gebühren ist verfassungsmäßig Sache der Gesetzgebung. Nach der neuen Verfassung von 1920 sollte sie ausschließlich durch die Bürgerschaft erfolgen, die auch in der ersten Zeit ihres Bestehens dies Recht mehrfach gegenüber Änderungsvorschlägen des Senats gewahrt hat. Aber die wachsende Geldentwertung und das Bestreben, die Staatskasse vor Verlusten durch eine zu langsame Änderung der Gebührentarife zu schützen, führte allmählich dazu, das Recht der Gebührenfestsetzung auf einzelne Verwaltungsbehörden zu übertragen. So wurde die Deputation für das Beleuchtungswesen 1920 ermächtigt, den Gaspreis selbständig dem Kohlenpreis anzupassen. Das gleiche Recht wurde der Deputation für Handel, Schiffahrt und Gewerbe 1919 für die Kai- und Hafengebühren, 1922 für die Gebühren der Münze und des Hüttenlaboratoriums eingeräumt. 1920 wurde die Baudeputation ermächtigt, die Sielbenutzungsgebühren selbständig festzusetzen. Da diese Maßnahmen aber noch nicht genügten, beantragte der Senat im Februar 1923 bei der Bürgerschaft, daß ihm bis zum Ablauf der Wahlperiode der Bürgerschaft, d. h. bis zum 31. Dezember 1925, das Recht der Gebührenfestsetzung vollständig übertragen würde. Der Senat wollte nicht nur die vorhandenen Gebühren und Tarife selbständig ändern, sondern auch neue Gebühren und Tarife selbständig einführen. Die Bürgerschaft ist diesem Antrage nicht gefolgt, sondern hat im Mai 1923 eine besondere Kommission aus Senats- und Bürgerschaftsmitgliedern eingesetzt, der die Feststellung sämtlicher Gebühren und Tarife mit Ausnahme der Verkehrstarife übertragen wurde. Die neue Kommission setzte mit ihrer Tätigkeit sofort energisch ein und brachte in kurzer Zeit ein ganzes Bündel neuer Gebühren und Tarife heraus, vermochte aber mit der Geldentwertung nicht mehr Schritt zu halten.

Welche Bedeutung die Gebühren bei einzelnen Behörden hatten, geht aus folgenden Angaben hervor. 1913 deckten die Gebühren bei den Amtsgerichten 91,50%, bei dem Landgericht 78,98% der Ausgaben. Während des Krieges gingen diese Einnahmen zurück. Nach dem Kriege setzte sich der Gedanke der Gebührenerhöhung nur zaghaft durch. Erst 1920 ging man allgemein dazu über, die Bedenken sozialer und wirtschaftlicher Art zurückzustellen. Die Gesetzgebung hatte nunmehr Mühe, der Geldentwertung zu folgen. Zeitweise trat sogar bei einzelnen Gebühren eine Überspannung ein, z. B. bei den Friedhofsgebühren. Der Ausbau erfolgte sowohl durch eine Vertiefung der Gebührentechnik, als auch durch eine Vermehrung der gebührenpflichtigen Akte. Die Einführung neuer Gebühren war nur in geringem Umfange möglich. Folgende Gebühren wurden neu geschaffen: für Elbeschifferprüfungen, Verfahren vor den Strandämtern, Eintragung in die Liste kleiner Flußfahrzeuge, aufliegende Schiffe, Flußschiffe,

Hilfeleistungen der Feuerwehr, Sielbenutzung, Hausmüllabfuhr, Wohnungstausch, Einsichtnahme in die Baupolizeiakten und Prüfungen der Hochschulbehörde. Ein Eingehen auf Einzelheiten ist wegen der Fülle des Materials unmöglich.

Bei der fortschreitenden Inflation reichten aber die geschilderten Maßnahmen nicht aus, um die wachsenden Verwaltungskosten der einzelnen Behörden auch nur annähernd durch Gebühren zu decken. Dazu hätte eine automatische Anpassung an die Geldentwertung durch Einführung eines Index erfolgen müssen. Dies Verfahren hätte bei den Gebühren zu gewissen Erfolgen führen können, da sie im Gegensatz zu den veranlagten Steuern sofort beim Eintritt der Fälligkeit eingezahlt werden mußten. Dieser Weg ist von der Gebührenkommission nicht versucht worden. Eine grundlegende Änderung trat erst nach der Erhebung in Gold ein.

Die wichtigste Möglichkeit, die Einnahmen zu steigern, lag naturgemäß in der Ausschöpfung der Steuerquellen, indem alte Steuern ausgebaut und neue eingeführt wurden. Hierin war Hamburg allerdings durch die Reichsfinanzreform stark beschränkt. Anderseits übte das Reich einen Druck auf die Länder aus, daß die ihnen überlassenen Steuern wirklich in vollem Umfange erhoben wurden. Denn die Länder waren nach dem Landessteuergesetz verpflichtet, die ihnen zur Verfügung stehenden Steuern nach Maßgabe ihres Steuerbedarfs auszunutzen. Wie Hamburg dieser Verpflichtung nachgekommen ist, sei in folgendem kurz dargelegt. Hierbei sei zunächst der Ausbau alter Steuern behandelt.

An alten Steuern kamen die Immobilienabgabe und die Überreste der hamburgischen Erbschaftsbesteuerung, die Grundsteuer, die Wertzuwachssteuer, die Stempelabgabe, das Tonnen- oder Hafengeld und die Wanderlagersteuer in Frage. Eine Erbschaftssteuer bestand in Hamburg schon seit 1824. Als das Reich 1906 die Erbschaftssteuer für sich in Anspruch nahm, ließ es die Ehegatten und Abkömmlinge steuerfrei und gestattete den Bundesstaaten, die Steuer auf diese auszudehnen sowie Zuschläge zur Reichssteuer zu erheben. Hamburg machte hiervon seit 1911 Gebrauch. Nach dem Kriege wurde die Reichserbschaftssteuer 1919 und 1922 zu einer Schenkungssteuer und zu einer Erbanfallsteuer ausgebaut, während die Nachlaßsteuer fallen gelassen wurde. Durch diese Neuregelung wurde die Besteuerung des Nachlasses so gut wie ganz vom Reich übernommen, Hamburg erhielt seinen Anteil nur noch nach den Vorschriften des Landessteuergesetzes. Für die Erhebung eines besonderen Zuschlages war daneben kein Raum mehr, sie wurde daher 1922 eingestellt. 1920 stellte sich der Ertrag immerhin noch auf 3,5 Millionen Mark. Die Verwaltung des Zuschlages erfolgte zusammen mit der Reichserbschaftssteuer durch das Landesfinanzamt.

Die Immobilienabgabe, eine Grunderwerbssteuer, bestand in Hamburg seit 1778. Vor dem Kriege betrug sie zwei Prozent des Kaufpreises. Ihr Ertrag stellte sich 1919 noch auf 7,6 Millionen

Mark. 1920 mußte sie an das Reich abgetreten werden, da für Grundstücksübertragungen nach dem 30. September 1919 das Reichsgrunderwerbssteuergesetz in Kraft trat. Allerdings war den Ländern erlaubt, zur Reichssteuer einen Zuschlag von einem Prozent zu erheben. Hiervon hat Hamburg keinen Gebrauch gemacht. Dagegen kamen immer wieder Fälle vor, in denen die hamburgische Immobilienabgabe weiter erhoben werden konnte. Es handelte sich um solche Fälle, in denen ein vor dem 1. Oktober 1919 verstorbener Erblasser eine von der gesetzlichen Erbfolge abweichende Regelung getroffen hatte. Das Veranlagungsverfahren dieser Steuerfälle gestaltete sich allerdings so schwierig und zeitraubend, zumal auf die vor 1900 gültigen Güterrechte zurückgegriffen werden mußte, daß sich die Erhebung nicht mehr lohnte und Ende 1922 eingestellt wurde. Dagegen konnte die Abgabe noch bei einer Veräußerung eines Gebäudes auf fremdem Grunde, insbesondere bei Gebäuden auf Staatsgrund, weiter erhoben werden. Für diese Fälle wurde der Steuersatz noch im Juni 1923 auf 6% der Kaufsumme erhöht, doch ist der Ertrag der Steuer sehr gering, da derartige Verkäufe nur selten vorkommen.

Ein ähnliches Schicksal hatte die Wertzuwachssteuer. Sie wurde seit 1903 bei allen Veräußerungen von Grundstücken erhoben, wenn nicht der Übergang an dem Eigentum durch Erbfolge, Fortsetzung einer ehelichen Gütergemeinschaft, Erfüllung eines Vermächtnisses oder Schenkung erfolgte. Die Steuer war nach der Höhe des Wertzuwachses von 10 bis 50% gestaffelt. Durch das Reichsgesetz von 1911 wurde sie vom Reich in Anspruch genommen, aber 1913 den Ländern und Gemeinden wieder überlassen. Die Steuer warf jährlich einen namhaften Betrag ab, 1913 rund 2 Millionen Mark, 1920 sogar 15,3 Millionen Mark, da nach dem Kriege ein lebhafter Verkehr auf dem Grundstücksmarkt einsetzte und bei den hohen Verkaufspreisen der höchste Steuersatz Anwendung fand. Diese gutfließende Steuerquelle wurde durch das Reichsgesetz über die Berücksichtigung der Geldentwertung in den Steuergesetzen vom 20. März 1923 verschüttet. In dem Reichgesetz war allerdings nur von Reichssteuern und nicht von Landessteuern die Rede. Durch das Finanzausgleichsgesetz vom 23. Juni 1923 wurde aber vorgeschrieben, daß auch die Landessteuern der Geldentwertung Rechnung zu tragen hatten. Bei der Berücksichtigung der inneren Kaufkraft der Mark ergab sich naturgemäß kein steuerbarer Wertzuwachs mehr, und die Steuer wurde im Juli 1923 aufgehoben. Der Ausfall wurde durch einen Zuschlag zur Reichsgrunderwerbssteuer von 3% gedeckt.

Die Stempelabgabe wurde seit 1903 bei der Beurkundung einer Reihe von Rechtsgeschäften erhoben und warf durchschnittlich vor dem Kriege jährlich einen Ertrag von 4 Millionen Mark ab. Der Ertrag erhöhte sich mit der nominellen Wertsteigerung der Rechtsgeschäfte automatisch im Jahre 1919 auf 11½ Millionen Mark. Durch die Reichsfinanzreform trat eine Beschränkung ein.

Die Abgabe durfte für Versicherungsverträge, Familienstiftungen, Grundstücksverkäufe und Schenkungen nicht mehr erhoben werden. Dagegen blieb sie bei Urkunden über folgende Rechtsgeschäfte bestehen: Abtretung von Rechten, Bergungsverträge, Bürgschaften, Dienstverträge, Annahme an Kindesstatt, Kauf- und Tauschverträge, Pfandrechtsbestellungen, Schiedssprüche, Auktionen, Schlußabrechnungen, Schuldversprechen, Testamente, Vollmachten, Wechselproteste, Werkverträge und Verträge anderer Art. Der Stempeltarif blieb trotz der Ausfälle durch die reichsgesetzlichen Beschränkungen bis zum Januar 1923 unverändert. Erst zu diesem Zeitpunkt wurde er erhöht und dem preußischen Gesetz vom 14. Januar 1921 angepaßt. Die Verwaltung erfolgt durch das Landesfinanzamt. Die Stempelabgabe hatte den Vorteil, daß sie sich mit der Wertsteigerung der Rechtsgeschäfte ohne Änderung der Tarife automatisch erhöhte und steigende Erträge abwarf. Für das Rechnungsjahr 1924 ist der Ertrag wohl zu niedrig auf 200000 Goldmark geschätzt.

Das Tonnengeld, dessen Bezeichnung 1920 in Hafengeld umgeändert wurde, ist eigentlich keine Steuer, sondern eine Gebühr. Es wird aber wegen der Höhe des Ertrages unter den Steuern geführt. Das Hafengeld wird von dem Nettoraumgehalt der in Hamburg oder Cuxhaven liegenden Seeschiffe je nach Dauer des Aufenthaltes erhoben. Die Namensänderung erfolgte, um dem Irrtum vorzubeugen, daß die Gebühr für die Betonnung des Fahrwassers erhoben wird, zumal die Verwaltung der Wasserstraßen durch die neue Reichsverfassung an das Reich überging und dieses die Tarifhoheit für das Fahrwasser hat. Die Bezeichnung Hafengeld entspricht dem Wesen der Abgabe als Hafenabgabe. Ihr Ertrag belief sich 1913 auf 4,4 Millionen Mark. Während des Krieges ging er infolge des geringen Hafenverkehrs stark zurück, hat aber seit 1920 ständig zugenommen. Die Sätze wurden verschiedentlich erhöht, doch stand einer übermäßigen Steigerung die Rücksicht auf die Konkurrenzfähigkeit des hamburgischen Hafens im Wege. Das Hafengeld stellt eine wichtige Einnahmequelle Hamburgs dar. Für das Rechnungsjahr 1924 ist der Ertrag auf fast 4 Millionen Goldmark geschätzt.

Eine geringe Bedeutung hat die Wanderlagersteuer, eine Besteuerung der Gewerbebetriebe im Umherziehen (Wanderauktionen). Ihr Ertrag deckt kaum die Erhebungskosten durch die Polizeibehörde. Sie dient mehr dem Schutz der ortsangesessenen Gewerbetreibenden. Wegen ihrer geringen finanziellen Bedeutung darf sie vernachlässigt werden.

Eine Lustbarkeitssteuer in außergewöhnlicher Höhe wurde bereits vor dem Kriege erhoben und brachte einen durchschnittlichen Ertrag von 1 Million Mark. Während des Krieges ging der Ertrag zurück, erhöhte sich aber 1919 auf 4 Millionen Mark und 1920 auf 7 Millionen Mark. Durch die Reichsfinanzreform wurde es nötig, die Lustbarkeitssteuer auf eine neue Grundlage zu stellen. Im

Juni 1921 wurde der Kreis der steuerpflichtigen Veranstaltungen erweitert und die Form der Veranlagung geändert. Der Steuer unterliegen seitdem Theatervorstellungen, Konzerte, Vorträge, Schaustellungen, Bazare, Tanzlustbarkeiten, Kinematographenvorstellungen, Rennen, Ringkämpfe, sowie das Halten von Musik- und Geschicklichkeitsautomaten, wenn sie öffentlich oder gegen Eintrittsgeld zugänglich sind. Die Erhebung erfolgt in Form der Besteuerung der Eintrittskarten oder als Pauschale nach der Größe des benutzten Saales. Die Gebührenschragen wurden vielfach geändert. Die Steuer hatte den Vorteil, daß sie sich den Erhöhungen des Eintrittsgeldes ohne weiteres anpaßte und lieferte gute Erträge. Sie wird in der Stadt Hamburg von der Finanzdeputation und auf dem Landgebiet von den Gemeinden erhoben. Die Schätzung für das Rechnungsjahr 1924 auf 1,6 Millionen Goldmark ist entschieden zu niedrig, auch wenn die steuerpflichtigen Veranstaltungen abnehmen sollten.

Die wichtigste Steuer aus der Vorkriegszeit ist die Grundsteuer. Sie wurde schon seit dem Anfang des 19. Jahrhunderts erhoben und gelangte zuletzt nach einem Gesetz von 1881 in der Form einer Mietesteuer zur Veranlagung. Es wurde aus dem Reinertrag eines Grundstücks durch Kapitalisierung ein Grundsteuerkapitalwert errechnet. Der Grundsteuerkapitalwert der gesamten bebauten und landwirtschaftlich genutzten Grundstücke wurde 1918 auf 4,7 Milliarden Mark geschätzt. Vor dem Kriege betrug die Grundsteuer bei den bebauten Grundstücken 11,7 % der Miete. Dieser Steuersatz wurde bis zum März 1922 beibehalten. Der Ertrag belief sich 1914 auf 26 Millionen, 1919 und 1920 auf 31 Millionen Mark. Diese geringe Zunahme entsprach in keiner Weise dem allgemeinen Steuerbedarf und der nominellen Wertsteigerung der Grundstücke. Es hätte nahegelegen, 1920 die Grundsteuer dadurch weiter auszubauen, daß eine andere Veranlagungsgrundlage geschaffen wurde. Die Reichsabgabenordnung vom 13. Dezember 1919 schrieb für die Veranlagung von Grundbesitz den gemeinen Wert als Grundlage vor. Doch hätte auch diese Änderung keine finanziellen Erfolge gezeitigt. Es blieb daher bei den bebauten und landwirtschaftlich genutzten Grundstücken bei der Veranlagung nach dem Grundsteuerkapitalwert, nur bei den unbebauten Grundstücken wurde der gemeine Wert der Bewertung zugrunde gelegt. Die Steuersätze wurden mehrfach, aber jedesmal unzureichend erhöht. Für die städtischen Mietshäuser betrug der Steuersatz 1922 nur 31,87 %, während der ersten Hälfte des Jahres 1923 nur 119,53 % der Friedensmiete. Der Ertrag wurde dadurch noch geringer, daß nicht etwa jährlich eine neue Veranlagung erfolgte, sondern einfach ein Mehrfaches der Grundsteuertaxe von 1914 erhoben wurde. 1923 wurde z. B. nur die 25fache Grundsteuertaxe des Jahres 1914 zugrundegelegt. Das war viel zu niedrig. Auf dem freien Grundstücksmarkt wurden in jener Zeit täglich Verkaufspreise erzielt, die das Vielfache der

Grundsteuertaxe betrugen. Die Veranlagung in Papiermark erfolgte noch bis zum Dezember 1923.

Die Bürgerschaft hatte bereits 1922 die allgemeine Veranlagung nach dem gemeinen Wert verlangt. Dagegen wurden vom Senat eine ganze Reihe von Bedenken erhoben. Während der Inflationszeit sei eine Schätzung nach dem gemeinen Wert gar nicht möglich, sie setze stabile Verhältnisse auf dem Geld- unf Grundstücksmarkt voraus. Auch sei eine Trennung von Platzwert und Gebäudewert nicht möglich, solange die Grundsteuer nach dem Reichsmietengesetz zu den Betriebskosten gehöre und von den Mietern zu tragen sei. Durch eine solche Trennung würden die Mieter in kleinen und alten Häusern verhältnismäßig schärfer getroffen, als die Mieter in neuen und Großwohnhäusern. Der gewünschte Zwang zur baulichen Ausnutzung des Platzes sei solange unangebracht, als eine Bautätigkeit nicht möglich sei. Auch sei eine Veranlagung nach Platzwert und Gebäudewert getrennt kostspieliger als das bisherige Verfahren, ohne entsprechend höhere Beträge zu liefern.[1]) Diesen Gründen konnte sich die Bürgerschaft nicht verschließen und beließ es bei der bisherigen Art der Veranlagung. Einer der wichtigsten Gründe, die damals gegen den Übergang zu einer Besteuerung nach dem gemeinen Werte sprachen, waren die hohen Kosten einer Neuveranlagung, die mindestens ein Jahr gedauert hätte. Seitdem ist noch ein neues Moment hinzugekommen, das für die Besteuerung nach den Mieten spricht. Die Erhebung der Mietzinssteuer (Aufwertungssteuer) nach der dritten Steuernotverordnung läßt sich ohne Schwierigkeit bei der jetzigen Form der Grundsteuer durchführen.

In der Erhebung der Grundsteuer erfolgte erst seit dem 1. Januar 1924 eine Änderung. Die Umrechnung der Mieten in den Grundsteuerkapitalwert ist fortgelassen, die Zahlungen haben monatlich ohne Veranlagungsbescheid zu erfolgen. Der Mietwert der Einzelwohnhäuser wurde durch einen Zuschlag von 40% auf den Vorkriegswert erhöht, auch der Steuersatz der landwirtschaftlich genutzten Grundstücke wurde auf 24% des Vorkriegsreinertrages erhöht. Dafür wurde die Müllabfuhrgebühr und die Privatstraßenreinigungsgebühr fallen gelassen, da die Erhebungskosten sehr hoch waren. Seit der Neureglung warf die Grundsteuer namhafte Erträge ab. Für 1924 ist das Ergebnis auf 20 Millionen Goldmark geschätzt. Doch ist inzwischen eine weitere Erhöhung der Steuersätze auf 15% der Friedensmiete seit dem 1. April 1924 eingetreten, so daß sich das Ergebnis vorraussichtlich auf über 30 Millionen Goldmark stellen wird. Zwei Fünftel des Ertrages sollen für Wohnungsbauzwecke zur Verfügung gestellt werden. Das Bauprogramm rechnet mit dem Neubau von etwa 1500 Wohnungen.

Damit ist die Zahl der älteren Steuern, die nach Eintritt der Reichsfinanzreform noch von Hamburg erhoben werden konnten,

[1]) Trotzdem hat Bremen durch Gesetz vom 7. 6. 1923 die Schätzung der Grundstücke nach dem gemeinen Wert ohne Gebäude eingeleitet.

erschöpft. Die Übersicht muß noch durch eine kurze Betrachtung der neueingeführten Steuern vervollständigt werden. In Frage kommen die Wohnsteuer, die Gewerbesteuer mit Lohnsummensteuer und eine Reihe kleinerer Steuern.

Die Wohnsteuer (Hotelsteuer), die von den vorübergehend Anwesenden erhoben wird, wurde am 1. Juni 1921 eingeführt. Sie war für Hamburg etwas Neues. Die Bedenken, daß sie den Fremdenverkehr abschrecken würde, haben sich nicht bewahrheitet. Der Steuersatz wurde nach der Höhe der Vergütung für den Tag gestaffelt. In ihrer ursprünglichen Form wich die hamburgische Wohnsteuer in einzelnen Punkten von der Reichsbeherbergungssteuer ab, die in der Form einer reinen Umsatzsteuer erhoben wurde. 1922 wurde das hamburgische Gesetz dem Reichsgesetz angepaßt. Die Steuer wird vom Landesfinanzamt Unterelbe verwaltet. Sie hatte den Vorteil, daß sie sich der Geldentwertung ohne weiteres anpaßte. Das Ergebnis der Steuer war günstig. Im zweiten Halbjahr 1921 warf sie 5,2 Millionen Mark ab, 1922 über 16 Millionen Mark, für 1924 ist sie auf 300000 Goldmark geschätzt.

Die größten Schwierigkeiten hat die Einführung der Gewerbesteuer bereitet. Eine Gewerbesteuer war schon mehrfach vor dem Krieg geplant, wurde aber immer wieder von den Interessentenkreisen verhindert. Durch das Landessteuergesetz wurden die Länder verpflichtet, Steuern vom Gewerbebetrieb zu erheben. So wurde denn auch überall in Deutschland die Gewerbesteuer am 1. April 1920 eingeführt. Hamburg allein machte eine Ausnahme. Die Bürgerschaft hat fast ein Jahr gebraucht, um dem Senatsantrage vom Juli 1920 auf Einführung einer Gewerbesteuer zuzustimmen. Die Bewilligung erfolgte nach langen Verhandlungen mit rückwirkender Kraft vom 1. April 1921. Diese Verzögerung war bei dem wachsenden Finanzbedarf Hamburgs kaum verständlich. Hinzu kam noch, daß die Bürgerschaft die Steuersätze so stark herabsetzte, daß die Rentabilität der ganzen Steuer in Frage gestellt wurde. Nach dem Landessteuergesetz konnte die Gewerbesteuer nach Merkmalen des Wertes, des Ertrages, der Ertragsfähigkeit oder des Umfanges des Betriebes ausgestaltet werden. Die meisten deutschen Länder und Städte hatten diese Bestimmung benutzt, um nicht nur den Ertrag mit 10%, sondern auch den Umfang des Betriebes nach der Höhe der gezahlten Löhne und Gehälter zu besteuern. In Hamburg wurde nur der Ertrag der stehenden Betriebe besteuert, und zwar gestaffelt in Höhe von 1 bis 2% des Ertrages des vorhergehenden Kalenderjahres. Dadurch entstanden bei der fortschreitenden Geldentwertung große Ausfälle. Erst durch eine Novelle vom März 1923 wurden die Steuersätze auf 1 bis 10% erhöht. Außerdem ließ der Senat durch eine Verordnung vom April 1923 die Berücksichtigung der Geldentwertung bei der Veranlagung zur Gewerbesteuer zu. Im Oktober 1923 war die Veranlagung für 1922 noch nicht durchgeführt, dadurch entstanden große finanzielle Verluste. Die Veranlagung für 1923 ist überhaupt nicht erfolgt, in der Zeit vom 15. November bis 1. Dezember 1923 sollten Vorauszahlungen für das Jahr 1923 erfolgen, doch entstanden auch diesmal wieder große Ausfälle. Diese Handhabung entsprach in keiner Weise den finanziellen Bedürfnissen des Staates. Die hamburgischen Gewerbebetriebe konnten um so mehr eine Gewerbesteuer in der gleichen Höhe wie die preußischen Nachbarstädte vertragen, als sie zum Teil schon frühzeitig über Valutaeinnahmen verfügten.

Erst am Ende des Jahres 1923 erfolgte eine grundlegende Änderung der Gewerbesteuer. Die Gewerbeertragssteuer wurde durch eine Gehaltsummensteuer ergänzt. Da eine Veranlagung zu der Ertragssteuer für 1923 ebenso wenig möglich war wie bei derReichseinkommensteuer und die endgültige Veranlagung für 1924 erst nach Abschluß des Kalenderjahres 1924 erfolgen konnte, mußten Vorauszahlungen eingeführt werden. Dabei wurde auf die Gewerbesteuerschuld für 1922 zurückgegriffen. In diesem Jahre waren 18663 Gewerbetreibende mit einem Gewerbeertrage von über 500000 Mark veranlagt, die andern Steuerpflichtigen mit geringerem Ertrage waren unveranlagt geblieben. Es handelte sich um 10350 Steuerpflichtige mit einem Ertrage zwischen 300000 und 500000 Mark und um eine Zahl von über 50000 Gewerbetreibenden mit noch niedrigerem Ertrage. Die Vorauszahlung für 1924 wurde auf 2 Goldmark für je 1000 Mark Steuerschuld von 1922 festgesetzt. Gegen diese Regelung sind viele Vorwürfe erhoben worden. Das Zurückgreifen auf die Steuererklärungen früherer Jahre sei eine große Ungerechtigkeit, da sich die Verhältnisse der Steuerpflichtigen völlig geändert hätten. Besonders hart würden einzelne Gewerbebetriebe getroffen, wie z. B. Makler und Agenten, die im Jahre 1922 noch keinerlei Möglichkeiten zu Abzügen für ihre Werbekosten hatten und damals zu hoch veranlagt seien. Auch sei im Handel der Umsatz infolge der wirtschaftlichen Depression erheblich zurückgegangen, dagegen die Unkosten gestiegen. Diese Vorwürfe sind nur zum Teil berechtigt. Es war schwierig, einen geeigneten Maßstab für die Vorauszahlung zu finden, die im Interesse der Staatsfinanzen unbedingt erforderlich war. Auch wurden von der Vorauszahlung nur etwa 18000 Gewerbebetriebe betroffen, während der Rest von über 60000 erst im März 1925 nach endgiltiger Festsetzung des Ertrages die Gewerbeertragsteuer zu bezahlen braucht. Ob es zweckmäßiger gewesen wäre, die Vorauszahlungen wie in Preußen an die Vorauszahlungen auf die Einkommensteuer und Körperschaftssteuer des Reiches anzuknüpfen, mag dahingestellt bleiben. Eine innere Berechtigung dafür wäre insofern vorhanden gewesen, als die Gewerbesteuer in der jetzigen Form viele Merkmale einer Einkommensteuer enthält und wie ein Zuschlag zur Einkommensteuer wirkt. Ihren Charakter als Realsteuer hat sie fast verloren.

Noch mehr umstritten als die Gewerbeertragsteuer war in Hamburg die Gehaltsummensteuer. Zunächst wurde im April 1923 eine besondere Steuer für die Freihafenbetriebe eingeführt, die zur Deckung des Defizits der Hafendampfschiffahrt im Fährbetrieb des Freihafens dienen sollte und irreführender Weise den Namen Gehaltsummensteuer erhielt. Es handelte sich um eine reine Verkehrsabgabe, die allerdings nach der Höhe der Löhne und Gehälter erhoben wurde, wie sie in den fraglichen Betrieben bezahlt wurden. Der Steuer unterliegen nur solche stehende Gewerbe, die im Freihafenbezirk, auf dem südlichen Elbufer oder in gewissen engbegrenzten Bezirken des nördlichen Elbufers eine Niederlassung, Fabrikationsstätte, ein Kontor oder dergleichen unterhalten. Die Höhe der Steuer beträgt 1% der Gehalts- oder Lohnsumme der beschäftigten Arbeitnehmer. Der Ertrag dient zur Erleichterung des völlig unrentablen Fährbetriebes. Die Steuer wurde nötig, da die großen Gewerbebetriebe im Freihafen sich trotz vielfacher Verhandlungen nicht bereit fanden, den Fährbetrieb in anderer Weise finanziell zu unterstützen oder dem Staat für die Ausfälle im Fährbetrieb erhöhte Pachtpreise zu bewilligen. Auch gegen diese Sondersteuer sind vielfach Vorwürfe erhoben und die Abwanderung der Industrie aus dem Freihafengebiet angedroht. Diese Folge hat sich bisher nicht bemerkbar gemacht. Die Steuer wird als Zuschlag zur Gewerbesteuer erhoben und vom Landesfinanzamt mit verwaltet. In Frage kommen etwa 50000 Arbeitnehmer.

Neben dieser besonderen Gehaltsummensteuer für die Freihafenbetriebe wurde nach langen Verhandlungen endlich im November 1923 auch eine allgemeine Gehaltsummensteuer eingeführt. Für die Einführung sprach vor allem der Umstand, daß die Gehaltsummensteuer die einzige wirklich ertragreiche Steuer ohne besondere Veranlagungs- und Erhebungskosten ist, die sich automatisch dem Geschäftsumfang anpaßt. Auch wurde mit Recht darauf hingewiesen, daß die Aufwendungen des Staates für Schullasten, für die Beschaffung von Wohngelegenheiten und dergleichen in direktem Verhältnis zur Zahl der gewerblichen Arbeiter steht. In Hamburg sind die Arbeitgeber bisher nicht besonders zum Wohnungsbau und zum Fortbildungsschulgeld herangezogen, wie das anderswo geschehen ist. Gegen die Gehaltsummensteuer wird geltend gemacht, daß sie den Unterschied zwischen arbeits- und kapitalsintensiver Betriebsform nicht berücksichtigt und daß Qualitätsbetriebe mit hochwertigen Arbeitskräften übermäßig scharf besteuert werden. Auch soll die Lohnsummensteuer zu Entlassungen und Lohnbeschneidungen drängen. Hierzu ist zu bemerken, daß die Gehaltsummensteuer zum mindesten während der Inflationszeit nicht entbehrt werden konnte, da die übrigen Besteuerungsmerkmale für die Gewerbesteuer keinen Ertrag versprachen. Die Besteuerung nach dem Geschäftsumfang empfiehlt sich nicht, da der Begriff steuertechnisch nicht genau genug zu fassen ist. Die Veranlagung nach dem Anlage- und Betriebskapital ist unbillig, da auch das investierte fremde Kapital mit erfaßt werden müßte. Auch die Höhe der für den Gewerbebetrieb gezahlten| Miete gibt kein brauchbares Besteuerungsmerkmal. Allerdings geben auch die Gehaltsummen keinen untrüglichen Maßstab für die Rentabilität und Besteuerungsfähigkeit eines Unternehmens, umgekehrt ist der Ertrag eines Unternehmens um so größer, je niedriger die Lohnaufwendungen im Verhältnis zur Kapitalanlage sind. Am besten und gerechtesten bleibt die Ertragsteuer. Die Gehaltsummensteuer muß daher nach Rückkehr stabiler Verhältnisse wieder fallen gelassen werden.

In ihrer jetzigen Form beträgt die Gehaltssummensteuer 4% der gezahlten Löhne und Gehälter, während die in gleicher Weise vom Reich für die Zeit vom 1. September bis 26. Februar 1924 erhobene Betriebssteuer („Ruhrsondersteuer") 10 bis 12% betragen hatte. Davon sind 2% als Vorauszahlung auf die Gewerbeertragsteuer für 1924 anzusehen. Betroffen werden rund 300000 Arbeitnehmer in Handel unf Gewerbe. Der Ertrag der Gehaltsummensteuer ist für 1924 auf über 10 Millionen Goldmark, der Ertrag der Gewerbeertragsteuer auf 13,5 Millionen Goldmark geschätzt.

Die übrigen Steuern der Nachkriegszeit, die Hundesteuer, die Reitpferdsteuer, die Steuer für Lustfahrzeuge auf der Alster und die Wegesteuer, bedürfen hier nur kurzer Erwähnung, da ihnen keine große finanzielle Bedeutung zukommt. Während der Inflationsperiode hatten sie den Nachteil, daß die Steuersätze der Geldentwertung nachhinkten. Mit der Hundesteuer war gleichzeitig die Absicht verbunden, die ständig wachsende Hundeplage einzuschränken. Da sich die Zahl der versteuerten Hunde gegenüber der Vorkriegszeit fast verdoppelt hatte, wurde der Steuersatz für April 1924 auf 30 Goldmark festgesetzt, gegenüber den Vorkriegssätzen von 20 bis 40 Mark je nach Schulterhöhe. Der Ertrag der Reitpferdsteuer kann selbst bei einem Steuersatz von 50 Goldmark für eigene Reitpferde und von 150 Goldmark für gewerbsmäßig gehaltene schon deswegen nicht hoch sein, weil nur 160 Reitpferde in der Stadt gehalten werden. Die Lustfahrzeugsteuer, die von den Ruderbooten, Kanus, Flachbooten und Segelbooten auf der Alster erhoben wird, ist etwas ertragreicher. Sie warf 1921 rund 600000 Mk. ab und ist für 1924 mit 150000 Goldmark veranschlagt. Die Wegesteuer wird erst vom 1. April 1924 erhoben und zwar von den Zugtieren in Höhe von 30 Goldmark für jede Einheit. In Frage kommen etwa 6500 Zugteire. Alle vier Steuern werden von der Polizeibehörde verwaltet.

Eine Sonderstellung nahm unter den Steuern die Wohnungsbauabgabe ein, die keine Einnahmequelle zur Deckung des allgemeinen Finanzbedarfes, sondern eine Art von Interessentenumlage zur Förderung des Wohnungsbaues war. Sie wurde daher auch in den Staatshaushaltabrechnungen nicht abgerechnet, verdient aber doch an dieser Stelle wegen ihrer allgemeinen Bedeutung kurze Erwähnung. Sie wurde zunächst 1919 als eine rein hamburgische Steuer und erst vom Juni 1921 ab auf Grund eines Reichsgesetzes erhoben. Von den vielfachen Änderungen können hier nur die wichtigsten Entwicklungsstufen erwähnt werden. Die Abgabe wurde in Hundertsätzen der Friedensmiete festgesetzt und von der Finanzdeputation verwaltet. Die Abgabe betrug 1920 nur 40% der Friedensmiete, wurde nominell im Laufe der Jahre immer mehr erhöht, sank aber dem Goldwerte nach immer mehr herab, so daß sie im November 1923 nur noch $^1/_{10}$ Goldpfennig für je 100 Mark Friedensmiete betrug. Trotz der niedrigen Sätze traten große Ausfälle durch zahlungsunfähige Abgabepflichtige ein. Auf Grund des Aufkommens wurden bis zum Jahre 1922 Anleihen aufgenommen, die aus dem Ertrag mit 10% verzinst und getilgt wurden. Dies sogenannte Kapitalisierungsverfahren wurde im Oktober 1922 fallen gelassen, da die Verluste für den Staat zu groß wurden. Man ging zum Kapitaldeckungsverfahren über, wonach der Ertrag der Abgabe unmittelbar als Kapital zur Finanzierung von Neubauten verwendet wurde. Im Jahre 1923 waren die Erträge meist schon geschwunden, ehe eine nennenswerte Bautätigkeit eingesetzt hatte. Deshalb stellte das Reich mehrfach größere Mittel aus der Notenpresse ohne Gegenleistung zur Verfügung. Ende 1923 wurde die Erhebung der Abgabe eingestellt. Trotz dieser ungünstigen Entwicklung war das Ergebnis für die Bautätigkeit nicht unbefriedigend Es wurden mit staatlichen Zuschüssen einschließlich Ausbau von Dachgeschossen, Wiederinstandsetzung usw. insgesamt 10588 Wohnungen gebaut. Die Wohnungserstellung erfolgte entweder direkt durch die staatliche Bauverwaltung oder auf Grund von Zuschüssen durch Privatpersonen oder gemeinnützige Baugesellschaften. Den Aufwendungen in entwerteter Papiermark steht der rentierliche Wert der staatlichen Wohnungsbauten, besonders der Siedlung Langenhorn und des Dulsbergs, als Vermögenszuwachs gegenüber.[1]) Diese Wohnungen werden in absehbarer Zeit eine Verzinsung abwerfen, sobald die Mieten gesteigert sind. Später kann der Staat auf diese unbelasteten Grundstücke vielleicht auch Goldhypotheken aufnehmen, deren Verzinsung im wesentlichen durch die Mieter getragen wird.

Neben den Steuern wurden die Betriebsverwaltungen während der Inflationszeit immer mehr zu einer wichtigen Einnahmequelle. Die werbenden Betriebe hatten vor dem Kriege keine wesentlichen Überschüsse abgeworfen, da sie einen gemeinnützigen Charakter haben sollten. Doch hatte der Staat aus diesen Anlagen immer eine Reihe von Vorteilen, wie z. B. die freie Belieferung sämtlicher öffentlichen Gebäude, Straßen und Plätze mit Gas und Wasser. Erst der wachsende Finanzbedarf in der Nachkriegszeit führte dazu, die Betriebe immer mehr als Erwerbsquellen auszunutzen, ohne die nötigen Rücklagen für die Erneuerung der Anlagen zu machen. So kam es, daß den Betriebsverwaltungen in Rahmen des gesamten Staatshaushaltes eine dauernd wachsende Bedeutung zufiel. Um die Rentabilität noch weiter zu steigern, setzte sich

[1]) Der Friedenswert der 670 Wohnungen in Langenhorn ist auf rd. 5 Millionen Mark, der Wert des Geländes ebenso hoch zu schätzen.

der Gedanke durch, die Staatsbetriebe in privatwirtschaftliche Unternehmungsformen überzuführen.

Von den Staatsbetrieben erzielten die Gaswerke schon in der Vorkriegszeit durchschnittlich jährlich einen Reingewinn von rund 5 Millionen Mark, gleich 28 % der Bruttoeinnahmen bei einem Gaspreise von 14 Pfg. pro cbm. Während des Krieges wurde der Gaspreis zunächst nicht erhöht. Erst 1918 begannen die Erhöhungen auf 16 und 20 Pfg., die im Laufe der Zeit immer stärker und dem Kohlenbeschaffungspreis angepaßt wurden. Trotzdem blieb die Preissteigerung meist hinter der Steigerung des Lebenshaltungsindex zurück, so daß die Reingewinne sich nur langsam erhöhten. 1922 betrug der Reingewinn nur etwa 16% der Bruttoeinnahmen gleich rund 50000000 Papiermark. Dabei ist zu berücksichtigen, daß das aus der Erdgasquelle in Neuengamme kostenlos gewonnene Wassergas den Gaswerken in Anrechnung gebracht wurde. Das seit August 1913 dem Gas zugesetzte Wassergas wurde zunächst nicht verrechnet, dann aber in den Jahren 1916 und 1917 mit 8 Pfg., 1918 mit 2,8 Pfg.; 1919 mit 8,14 Pfg., 1920 mit 2,88 Pfg., und 1921 mit 0,72 Pfg. pro cbm in Anrechnung gebracht. Die Schwankungen in der Anrechnung haben keinen inneren Grund, sondern beruhen auf willkürlicher Annahme. Die Gaswerke erhielten wie alle Betriebsbehörden im Gegensatz zu den Hoheitsbehörden vom Reich keine Zuschüsse zu den Lohn- und Gehaltszahlungen. Trotzdem nahmen die Nettoeinnahmen seit 1921 auch in ihrem Goldwerte zu, und bildeten während der Inflationszeit eine wesentliche Quelle für die Deckung des täglichen Finanzbedarfes des Staates. Die günstigen Betriebsergebnisse sind zum Teil darauf zurückzuführen, daß die Gaspreise schnell den Kohlenpreisen angepaßt wurden und die Verbraucher stark belasteten. Zum Teil wurde das Ergebnis auch durch die günstige Lage der Gasanstalten am Wasser beeinflußt. Die Gasanstalt Grasbrook liegt unmittelbar am seeschifftiefen Wasser, so daß die Kohlen ohne weiteres vom Seeschiff an die Öfen geschafft werden können. Die Gasanstalt Barmbek ist vom Hafen durch schiffbare Kanäle zu erreichen. Diese günstigen Transportverhältnisse zusammen mit einer geschickten Devisenbeschaffung erlaubten es, daß während der Inflationszeit die wesentlich ergiebigere englische Kohle zu einem Preise verwendet werden konnte, die bedeutend unter dem Preis der deutschen Kohle lag. Das buchmäßige Anlagekapital betrug 1911 rund 35 Millionen Mark. Demgegenüber waren die Gutschriften auf das Erneuerungskonto viel zu gering.

Auch der Betrieb der Wasserwerke entwickelte sich während der Inflationszeit nicht ungünstig für den Staat. Bis zum Jahre 1913 wurden regelmäßig jährliche Überschüsse von mehr als 2 Millionen Mark erzielt. In der Nachkriegszeit wurden zwar nominell Staatszuschüsse erforderlich, doch entstanden diese nur durch die Art der Abrechnung. Für die Benutzung der Staatsplätze durch die Betriebsanlagen (Pumpwerke, Filteranlagen, Hochbehälter, Lagerplätze, Beamtenwohnhäuser usw.) wurden hohe Grundmieten in Rechnung gestellt, die tatsächlich nicht bezahlt wurden und das Bild der Rentabilität verwischten. Auch wurde das Wasser an alle Staatsbetriebe, Behörden, Volksbadeanstalten und öffentliche Brunnen, an die Besitzer alter Brunnengerechtsamen und für Feuerlöschzwecke unentgeltlich geliefert, an grundsteuerfreie Grundstücke und an Privatbadeanstalten zu ermäßigten Preisen. Trotzdem warfen die Wasserwerke jährlich wachsende Überschüsse ab. Diese Ergebnisse wurden durch eine ständige Erhöhung der Tarife erzielt. Anderseits waren die Abschreibungen unzureichend. Der Buchwert der Wasserwerke betrug 1911 rund 30 Millionen Mark, der Buchwert der Volksbadeanstalten rund 2,5 Millionen Mark. Endlich ist noch bei der Beurteilung der Ergebnisse zu berücksichtigen, daß sowohl die Gas- wie die Wasserwerke als kommunale Betriebe von allen Reichssteuern befreit blieben, die insgesamt für eine private oder gemischtwirtschaftliche Unternehmungsform etwa 10% des Umsatzes betragen hätten.

Eine weitere Einnahmequelle stellte die Kaiverwaltung dar, die für Rechnung des Staates den Betrieb der Kaianlagen führt. Die Kaianlagen dienen dem Löschen und Laden von Gütern aus den Schiffen bezw. in die Schiffe und dem Lagern von Gütern auf dem Kai. Für den Kaibetrieb werden verschiedene Gebühren erhoben und zwar Raumgebühren vom Schiff, das am Kai liegt, Landungsgebühren für die angelieferten Güter, Lagergeld für das Lagern von Gütern, Hafenbahngebühren für die Beförderung auf den Bahngleisen und Gebühren für eine Reihe sonstiger Nebenleistungen. Die Gebühren waren vor dem Kriege so gestaltet, daß sie sämtliche Ausgaben deckten, aber keine Überschüsse abwarfen. Während des Krieges entstanden starke Ausfälle, die durch Staatszuschüsse gedeckt werden mußten. Seit 1920 wurden durch Erhöhung der Gebühren wieder Überschüsse erzielt, obgleich die Grundmieten für die gemieteten Staatsflächen erhöht und erhöhte Rücklagen für Erneuerungen gemacht wurden. Die Kaiflächen umfassen im ganzen 480000 qm Grundflächen mit Bauten in einem Buchwerte von über 45 Millionen Goldmark. Der Buchwert der gesamten Anlagen betrug im März 1920 92 Millionen Goldmark, von denen 13,4 Millionen abgeschrieben waren. Ein Teil der Kaistrecken ist an Private verpachtet, u. a. an die Hamburg-Amerika-Linie, die Woermann-Linie, die Levante-Linie, die Südamerikanische Dampfschiffahrtsgesellschaft, die Freihafen-Lagerhaus-Gesellschaft und andere mehr. Einer unbeschränkten Steigerung der Gebühren steht die Rücksicht auf andere Häfen im Wege. Auch fällt die Art der Güter zu Ungunsten des Hamburger Hafens ins Gewicht. Während in Hamburg wertvolle Stückgüter überwiegen, kommen z. B. für Bremen mehr Massengüter (Baumwolle, Holz u. dergl.) in Frage, für deren Umschlag niedrigere Gebühren möglich sind. Für Küstenschiffe und Binnenschiffe besteht ein ermäßigter Tarif. Der Staat zieht aus dem Hafenbetrieb, abgesehen von den Einnahmen der Kaiverwaltung, noch andere Einnahmen durch das Hafengeld und durch seinen Anteil an der Freihafen-Lagerhaus-Gesellschaft, über die an anderer Stelle berichtet ist.

Eine geringere finanzielle Bedeutung als die bisher genannten Betriebe hat für den Staat der Schlachthofbetrieb. Hier standen einer Erhöhung des Gebührentarifs die Rücksichten auf die Verbraucherkreise im Wege, so daß die Betriebsüberschüsse meist gering waren. In den Jahren 1919 und 1920 waren sogar Staatszuschüsse erforderlich. Der Anschaffungswert der Anlagen beträgt rund 11 Millionen Goldmark. Die Abschreibungen auf das Erneuerungskonto waren während der Inflationszeit ungenügend.

Regelmäßige Einnahmen sind aus der ehemaligen Zollvereinsniederlage erzielt. Sie wurde im Jahre 1869 als Aktiengesellschaft gegründet, um eine Niederlage für Manufaktur- und Industrieerzeugnisse aus dem ehemaligen Zollvereinsgebiet innerhalb der Freihafenstadt Hamburg, die nicht dem Zollgebiet angehörte, zu schaffen. Durch den Zollanschluß Hamburgs im Jahre 1888 wurde sie zwecklos und daher aufgehoben. Der Staat übernahm die noch im Privatbesitz befindlichen 1097 Aktien und gelangte dadurch in den Besitz der Niederlage. Heute hat sie mit ihrem früheren Zweck nur noch den Namen gemeinsam und besteht aus Lagerhäusern, Lagerschuppen und Eisenbahnschuppen, die an Private vermietet sind. Die Mieterträge waren im allgemeinen gering. Der Anschaffungswert beträgt rund 2,6 Millionen Mark.

Einen Verlust für den Staat bedeutete zeitweise die Leihhausverwaltung, die in fünf städtischen Leihhäusern das Pfandgeschäft betrieb. Da es sich um einen gemeinnützigen Zweck handelte, sollten keine Überschüsse erzielt werden. Bis 1921 gelang es, sämtliche Unkosten, darunter die Instandhaltung der Gebäude und des Hausrats, sämtliche Gehälter und Löhne, die Mieten für die Grundstücke und die Verzinsung für einen staatlichen Betriebsvorschuß aus dem Betriebe zu decken. Dann ging aber das Pfandgeschäft eigentümlicherweise derart zurück, daß zwei Leihhäuser geschlossen werden mußten. Erst nach der Umstellung auf die Goldrechnung war das Pfandgeschäft wieder ertragreich für den Staat[1]).

Geringe Einnahmen wurden aus der Münze, dem Hüttenlaboratorium und dem Eichwesen erzielt. Bei der Münze fließen sie aus den Prägegebühren für Reichsmünzen und für Denk-, Fest-, Erinnerungs- oder Schaumünzen, beim Hüttenlaboratorium aus Probiergebühren und Probierrückständen, beim Eichwesen aus den Eichgebühren. Die Dampfziegelei Reitbrook, die 1920 vom Staat erworben wurde, um die staatlichen Bauten mit Ziegelsteinen zu versorgen und die im Jahre 1922 beim Wohlfahrtsamt gegründete

[1]) Eine Zeit lang waren die Goldgebühren so hoch, daß sie den Bedürfnissen des bedürftigen Mittelstandes nicht entsprachen. Hierin trat aber bald eine Änderung ein.

Webwaren-Einkaufsgenossenschaft m. b. H., die für die öffentliche und private Wohlfahrtspflege Bekleidung, Wäsche und Schuhzeug liefert, sind keine Erwerbsquellen.

Überblickt man die sämtlichen hamburgischen Staatsbetriebe und ihre Entwicklung seit 1913, so ist das finanzielle Ergebnis für den Staat nicht ungünstig gewesen. Die meisten Betriebe erzielten gewisse Überschüsse, allerdings auf Kosten der Abschreibungen. Trotzdem setzte sich die Ansicht immer mehr durch, daß sich das Ergebnis durch die Überführung der Staatsbetriebe in die freieren Formen privatwirtschaftlicher Organisationen günstiger gestalten ließe. Der gleiche Gedankengang wurde auch im Reich verfolgt, das die privatrechtliche Umgestaltung der Reichsbetriebe in Fachgesellschaften plante. Aus diesen Erwägungen schlug der Senat am 29. September 1922 der Bürgerschaft die Überführung der Gas- und Wasserwerke in Gesellschaften mit beschränkter Haftung vor und stellte weitere Vorschläge für andere Wirtschaftsbetriebe in Aussicht. Die Betriebsform der G. m. b. H. solle gewählt werden, da sie einfacher sei und größere Übersichtlichkeit biete als eine Aktiengesellschaft. Der Staat sollte der einzige Gesellschafter sein. Der Senatsantrag wurde am 20. Juni 1923 mit unwesentlichen Änderungen von der Bürgerschaft genehmigt. Wie sich die neue Betriebsform bewähren wird, wird erst die Zukunft entscheiden. Das Ziel derartiger Umwandlungen muß sein: maßgebender Einfluß des Staates in der Verwaltung, aber kaufmännische Leitung. Die neugegründeten Gesellschaften haben nicht das volle und freie Eigentum an den Werken, sondern führen lediglich den Betrieb der Werke für eigene Rechnung im Vertragswege. Diese Form des Betriebsvertrages unterscheidet sich wesentlich von der früher üblichen gemischtwirtschaftlichen Form. In seiner Eigenschaft als Konsument muß der Staat nach den neuen Betriebsverträgen den von den Gaswerken gelieferten Koks für Heizzwecke und das Gas für Beleuchtungszwecke sowie das von den Wasserwerken gelieferte Wasser in vollem Umfange bezahlen.

Neben den reinen Staatsbetrieben haben auch die gemischtwirtschaftlichen Betriebe für die hamburgischen Finanzen Bedeutung. Es sind Unternehmungsformen, bei denen ein vertragsmäßiges Zusammenwirken von Privatgesellschaften mit dem Staat durch gemeinsame Aufbringung des Betriebskapitals und gemeinsame Anteilnahme an der Verwaltung vorliegt. Dabei kann die Beteiligung des Staates an den Gesellschaften eine verschiedene sein. In Hamburg kommen die Hamburgischen Elektrizitätswerke A. G., die Hamburger Hochbahn A. G., die Freihafen-Lagerhaus-Gesellschaft A. G., die Elektrische Kleinbahn Altrahlstedt—Volksdorf A. G. und die Hafendampfschiffahrt-A. G. in Frage.

Den im Jahre 1893 mit Privatkapital gegründeten Elektrizitätswerken wurde die Konzession erteilt, einen bestimmten Teil des hamburgischen Stadtgebietes mit elektrischer Energie zu versorgen. Diese Konzession wurde 1914 auf das ganze Staatsgebiet ausgedehnt.

Gleichzeitig trat der Staat mit einem Kapital von 22 Millionen Mark gegen Erhalt von Vorzugsaktien in die Gesellschaft ein, so daß sich das Aktienkapital zu gleichen Teilen in den Händen des Staates und der Privataktionäre befand. Nach dem Kriege wurden mehrfach wesentliche Kapitalerhöhungen nötig. 1921 wurde durch eine Vertragsänderung der Gesellschaft das Recht verliehen, die Stromversorgung über die Grenzen des hamburgischen Staatsgebietes auszudehnen, und die jährlichen Abschreibungen zur Einlösung der Stammaktien durch eine feste Sonderabgabe ersetzt. Gleichzeitig wurden die Dividendenrechte der beiden Aktiengruppen einander gleich gestellt und die Verteilung des Reingewinns neu geregelt. Danach ergab sich eine Gewinnbeteiligung des Staates durch die Bruttoabgabe, die Reingewinnabgabe, die Sonderabgabe und aus den Dividenden. Für das Rechnungsjahr 1921/22 betrug z. B. die Gewinnbeteiligung des Staates zusammen 40 Millionen Mark. Bei den weiteren Kapitalerhöhungen im Jahre 1923 trat eine nochmalige Vertragsänderung ein. Während der Staat früher die Hälfte aller Inhaberaktien besaß, erhielt er von den neuen Emissionen nur den achten Teil der Aktien, die mit siebenfachem Stimmrecht ausgestattet wurden. Dadurch behielt der Staat die volle Parität des Stimmrechtes, ohne sich bei den Kapitalerhöhungen stark beteiligen zu müssen. Bei der Ausgabe der Aktien wurden hohe Agiogewinne erzielt. Das finanzielle Gesamtergebnis war für den Staat sehr günstig. Die Tarife für die Abnehmer waren in der Nachkriegszeit meist hoch, aber nicht überspannt. Der Buchwert der Anlagen wurde am 30. Juni 1922 mit rund 200 Millionen Mark angegeben, davon waren 73 Millionen abgeschrieben. Die Gesellschaft besitzt sieben Kraft- und zwölf Unterwerke. Für 1924 sind die Einnahmen des Staates aus den Elektrizitätswerken auf rund 2,3 Millionen Goldmark geschätzt, obgleich sich die Stromabnahme der Industrie wesentlich veringert hat.

Die Hochbahngesellschaft wurde 1906 als Privatunternehmen zum Betrieb der Hoch- und Untergrundbahn gegründet. Sie wurde im Juli 1918 in ein gemischtwirtschaftliches Unternehmen umgewandelt, das noch andere Verkehrsunternehmen mit übernehmen sollte. Der Staat brachte bei seinem Eintritt in die Gesellschaft seine Rechte am Bahnkörper der Hochbahn ein und erhielt als Gegenwert 48 Millionen Mark in B-Aktien. In den nächsten Jahren wurden mehrfach Kapitalerhöhungen nötig, zumal 1918 die Hamburger Straßeneisenbahngesellschaft, 1919 der Alsterdampfschiffahrtbetrieb und 1921 die Hamburg-Altonaer-Centralbahn-Gesellschaft erworben wurden. Dadurch vereinigte die Hochbahngesellschaft sämtliche Verkehrsunternehmungen Hamburgs mit Ausnahme der Hafendampfschiffahrt in sich. Der Betrieb der Walddörferbahn erfolgte auf Grund besonderer Betriebsverträge für Rechnung des Staates. Das finanzielle Ergebnis war für den Staat lange Zeit ungünstig. Für das aufgewandte Kapital zum Bau der Hochbahn erhielt der Staat lange Jahre hindurch nur eine Verzinsung von $1^1/_2$% und keine Tilgung. 1919 und 1920 mußte der Staat sogar für die Dividende der Privataktionäre Zuschüsse leisten, da diesen ein Gewinnanteil von 5% garantiert war. Erst von 1921 ab gestaltete sich das Ergebnis etwas günstiger, doch blieb das ganze Unternehmen immer noch unrentabel. Die Rentabilität wurde durch Verkürzung der Dienstzeit und die Verringerung der Arbeitsleistung der Angestellten, durch die Steigerung der Kohlenpreise und die Konzentration des Spitzenverkehrs zu Beginn und am Schluß der Kontorzeit herabgesetzt. Den vermehrten Betriebsunkosten standen verringerte Einnahmen gegenüber infolge Abwanderung der Fahrgäste auf die vom Reich betriebene Vorortsbahn, die zeitweilig mit starken Zuschüssen arbeitete, und die falsche Tarifpolitik der Bürgerschaft. Die Tariferhöhungen erfolgten zu spät und stoßweise, bei der Hochbahn wurde die zweite Wagenklasse abgeschafft, bestimmten Bevölkerungsgruppen (Siedlern, Erwerbsbeschränkten usw.) wurden Preisermäßigungen gewährt und eine große Zahl von Freifahrkarten an Kriegsbeschädigte, Rentenempfänger usw. ausgegeben. Die Alsterdampfschiffahrt mußte zeitweise als unrentabel ganz eingestellt werden. Der Versuch, Ende 1921 eine Autoomnibuslinie einzuführen, scheiterte nach einigen Monaten. Die Verhandlungen mit dem Personal, das rund 7000 Angestellte umfaßt, gestalteten sich mehrfach schwierig. An Abschreibungen konnte nicht in genügendem Umfange gedacht werden. So war das ganze Unternehmen während der Inflationszeit unrentabel. Eine Änderung trat erst mit der Wiedereinführung der Goldrechnung ein. Die „Hypnose der kleinen Zahl“ (Fahrpreise von 10 Goldpfennig statt 100 Milliarden Papiermark) brachte eine so starke Belebung des Verkehrs, daß er bald den der Vorkriegszeit übertraf. Für das Jahr 1924 darf der Staat wohl wieder mit einem geringen Überschuß rechnen.

Die Freihafen-Lagerhaus-Gesellschaft wurde 1885 vom Staat mit einem Grundkapital von 9 Millionen Mark gegründet. Der Zweck der Gesellschaft war die Herstellung und Verwertung von Speichern, Lagerhäusern und Kontoren auf Staatsgrund im Freihafengebiet. Der Staat versah das Gelände mit Kaimauern und legte Straßen, Gleisanlagen, Gas- und Wasserleitungen an. Der Wert des eingebrachten Staatsgrundes wurde bei der Gründung mit 15 Millionen Mark angesetzt. Ursprünglich war der Staat nicht als Aktionär, sondern nur als Verpächter des Bodens an der Gesellschaft interessiert. Im Laufe der Jahre kaufte er aber immer mehr Aktien, so daß er 1913 im Besitz von etwa $^3/_4$ des Gesamtkapitals war. So hat sich die Gesellschaft, die von vornherein unter weitgehender Kontrolle des Staates stand, erst allmählich in ein gemischtwirtschaftliches Unternehmen umgewandelt. Die Einnahmen des Unternehmens setzen sich aus dem Vermietungsgeschäft, dem Maschinenbetrieb und dem Lagergeschäft zusammen. Während des Krieges gingen die Einnahmen stark zurück. Nach dem Kriege entwickelten sich der Maschinenbetrieb und das Lagergeschäft gut. Dagegen konnten die Mieten für Kontor- und Lagerräume infolge der Mieterschutzgesetze nicht genügend erhöht werden. Erst als durch eine Senatsverordnung die im Freihafengebiet für gewerbliche Zwecke verwendeten Gebäude von den Beschränkungen des Reichsmietengesetzes ausgenommen wurden, konnten die Gebäudemieten vom 1. April 1923 ab erhöht werden. Der Gewinn des Staates betrug in den Vorkriegsjahren durchschnittlich 525000 Mk., während des Krieges sank er langsam herab, fiel im Jahre 1919 ganz aus und stieg dann langsam wieder an. Das Ergebnis wird sich voraussichtlich weiterhin günstig gestalten. Für 1924 ist die Einnahme wohl zu niedrig auf 235000 Mark geschätzt.

Die Bergedorf-Geesthachter-Eisenbahngesellschaft wurde 1905 für den Bau und Betrieb einer Kleinbahn zwischen Bergedorf und Geesthacht mit einem Aktienkapital von 1,1 Millionen Mark gegründet. Das Aktienkapital zerfiel je zur Hälfte in Vorzugsaktien und in Stammaktien. Von den Stammaktien übernahm der hamburgische Staat 200000, die Gemeinde Geesthacht 126000, die Stadt Bergedorf 50000 Mark, die beteiligten preußischen Gemeinden und der Kreis Lauenburg den Rest. Das Stammkapital wurde 1910 für die Erbauung einer Zweiglinie von Bergedorf nach Zollenspieker um 1050000 Mark erhöht und zwar um 350000 Mark Vorzugsaktien und 700000 Mark Stammaktien, von denen die Hälfte durch die Vierländer Gemeinden und die Hälfte durch den Staat übernommen wurden. Eine weitere Kapitalvermehrung trat im Jahre 1918 ein, als auf Veranlassung des Reiches die Stammstrecke zur Erschließung der Dynamitfabrik in Krümmel zweigleisig ausgebaut wurde. An dieser Kapitalvermehrung beteiligte sich der Staat nicht, doch war er bald darauf gezwungen, den Besitz der Gemeinde Geesthacht an Aktien zu übernehmen. Dadurch erhöhte sich das Aktienkapital des Staates auf 676000 Mark. Die Gewinne des Staates in den einzelnen Jahren waren bescheiden, die Jahre 1914 und 1919/21 warfen überhaupt keine Dividende ab. Im Jahre 1921 übernahm die Gesellschaft die 1905 mit einem Aktienkapital von 200000 Mark gegründete Billwärder Industriebahn A. G. An dieser Gesellschaft ist der Staat finanziell nicht beteiligt, sondern hat nur einmal die Garantie für die Verzinsung einer Obligationsanleihe übernommen. Wenn der Staat zur Zeit auch noch keine großen Gewinne aus dem Unternehmen erzielt, so liegt der Wert für ihn darin, daß er schon im Jahre 1925 das ganze Unternehmen zu einem niedrigen Kaufpreis übernehmen könnte oder bei Ablauf der Konzession im Jahre 2006 die gesamten Bahnanlagen unentgeltlich erhält.

Die Bergedorf-Geesthachter-Eisenbahngesellschaft hat auch den Betrieb der in den Jahren 1919 bis 1921 vom Staat mit einem Aufwand von mehr als 35 Millionen Mark gebauten Marschbahn Geesthacht—Fünfhausen durch einen besonderen Betriebsvertrag übernommen. Diese Linie ist die Teilstrecke einer Bahn, die nach Rothenburgsort führen soll, aber wegen der hohen Baukosten bisher noch nicht zur Ausführung gelangt ist. Der Betrieb dieser Strecke hat bisher kaum die Betriebskosten gedeckt. Es steht aber zu erwarten, daß die Linie sich rentabel gestalten wird, sobald sie einmal fertig gestellt ist. Dann soll sie auch in die Bergedorf-Geesthachter Gesellschaft eingebracht werden.

Die elektrische Kleinbahn Altrahlstedt—Volksdorf A. G. wurde im Jahre 1903 als reines Privatunternehmen gegründet. Im Jahre 1912 wurde sie anläßlich des Baues der Walddörferbahn in eine Aktiengesellschaft mit einem Kapital von 1540000 Mark umgewandelt. Die bisherige Besitzerin, die Firma Berthold & Ernst Körting in Hannover, brachte das neue Bahnunternehmen mit allen Anlagen und Rechten in die neue Gesellschaft ein und erhielt dafür 770000 Mark in bar und 770000 Mark als Vorzugsaktien. Der Staat erhielt den gleichen Betrag für das eingezahlte Kapital als Stammaktien. Im November 1920 wurde der Gesellschaft durch einen besonderen Betriebsvertrag der Personenverkehr auf der Strecke Volksdorf—Wohldorf der Walddörferbahn übertragen. Im selben Jahre wurde das Kraftwerk Volksdorf unter Beteiligung der Hamburgischen Elektrizitätswerke und der Hochbahn-A. G. erworben, um es für die Kraftversorgung der Walddörferbahn und die Lichtversorgung der Walddörfer auszubauen und es an das Hauptkraftwerk in Tiefstak anzuschließen. Zu den Kosten des Umbaues mußte der Staat beitragen. Im September 1922 erfolgte eine weitere Kapitalerhöhung derart, daß der Staat jetzt etwa zu 75% an der Gesellschaft beteiligt ist. Der Betrieb gestaltete sich so, daß der Staat geringe Einnahmen erzielte. Zuschüsse sind nicht erforderlich gewesen.

Die Hafendampfschiffahrtsgesellschaft-A.-G. endlich wurde ursprünglich als gemischtwirtschaftliches Unternehmen gegründet, ist aber allmählich durch Vereinigung aller Aktien in der Hand des Staates zu einem staatlichen Betrieb in der Form einer handelsrechtlichen Korporation geworden. Sie dient dem Fährbetrieb und dem Jollenführerbetrieb im Hafen. Die Fahrpreise wurden aus sozialen Gründen dauernd so niedrig gehalten, daß sie die Betriebskosten nicht annähernd deckten und mehrfach Darlehen und Zuschüsse des Staates erforderlich wurden. Auch die oben bereits erwähnte Lohnsummensteuer hat das Defizit nicht beseitigen können, obgleich die Benutzung der Hafenfähren den Vorkriegsstand wieder erreicht hat. Der Schiffspark umfaßte Ende 1922 61 Schraubendampfer, 3 Doppelschraubendampfer, 1 Raddampfer und 5 Kohlenlieger. Der Betrieb wird voraussichtlich weitere Verluste bringen, solange die bisherige Tarifpolitik beibehalten wird.

Im ganzen hat sich das Ergebnis der gemischtwirtschaftlichen Betriebe auch während der Inflationszeit nicht ungünstig gestaltet. Ein nennenswerter Substanzverlust ist nicht eingetreten. Unter stabilen Verhältnissen werden die Betriebe daher voraussichtlich eine günstige Entwicklung nehmen, ohne ihre Abnehmer durch allzu hohe Tarife zu belasten. Das kann den Anreiz dazu geben, auch andere reine Staatsbetriebe in die gemeinwirtschaftliche Unternehmungsform überzuführen.

5. Kritik der Einnahmenpolitik.

Während der Kriegszeit hatte man nicht gewagt, die ständig wachsenden Fehlbeträge im Staatshaushalt durch erhöhte Steuerlasten auszugleichen. Immer wieder wurden die wachsenden Ausgaben auf kurzfristige Anleihen übernommen, die bis Ende 1918 um fast 1 Milliarde Mark zunahmen. Auch in der ersten Nachkriegszeit waren die Verhältnisse für die Erschließung neuer Einnahmequellen ungünstig. Die Wirtschaft mußte sich zunächst einmal von den Folgen des verlorenen Krieges und der Revolution erholen. Mit der fortschreitenden Inflation trat dann das schwierige Problem hinzu, wie die Einnahmen möglichst schnell und nachhaltig dem sinkenden Geldwert angepaßt werden konnten.

Bis Ende 1922 würde noch allgemein, unterstützt durch die Rechtsprechung, die entwertete Papiermark der Vorkriegsmark gleichgesetzt. 1923 begann sich die Privatwirtschaft von der Papiermark abzulösen, die öffentliche Wirtschaft aber vermochte ihr darin nicht zu folgen. Nur langsam setzte sich die Überzeugung durch, daß der Versuch gemacht werden mußte, die Gebühren und Steuern wertbeständig zu gestalten. Jedoch konnte ein einzelnes Land, wie Hamburg bei der großen Tragweite des Problems nicht allein die Lösung finden.

Das Reich hatte in seinen Steuergesetzen verschiedene Lösungen versucht. Bei den Verbrauchssteuern und Verkehrssteuern wurden die festen Steuersätze durch Prozente des Wertes ersetzt, bei der Einkommensteuer der Lohn- und Gehaltsempfänger, bei der Kapitalertragsteuer und der Körperschaftssteuer wurde die Steuer an der Quelle erhoben, bei der veranlagten Einkommensteuer und bei der Umsatzsteuer wurden Vorauszahlungen gefordert. Doch blieb die erhoffte Wirkung zum größten Teil aus. Daher konnten die Maßnahmen des Reiches für Hamburg nicht als Vorbild dienen, zumal hier ganz andersgeartete Einnahmequellen in Frage kamen. Auch war Hamburg durch das Reich in seiner Steuerfreiheit so beschränkt, daß ihm nur wenige eigene Wege blieben. Für die Fehlschläge der Einnahmenpolitik kann Hamburg daher nur bedingt verantwortlich gemacht werden. Der Kampf gegen die Geldentwertung mußte erfolglos sein, solange das Reich sich nicht entschließen konnte, die alte Währungseinheit preiszugeben.

Es liegt nicht im Rahmen der vorliegenden Arbeit, auf die Fehler und Versäumnisse der Reichsgesetzgebung und Reichsfinanzverwaltung einzugehen. Die Kritik hat sich auf die rein hamburgischen Maßnahmen zur Steigerung der Einnahmen zu beschränken. Dabei ist die Frage zu prüfen, ob Hamburg innerhalb der vom Reich gesteckten Grenzen die gegebenen Möglichkeiten ausgeschöpft hat, um seinen Haushalt zu sanieren und die Folgen der Inflation abzuwehren.

Bei den Einnahmen aus Grundbesitz und Regalien war die Einführung eines wertbeständigen Maßstabes schwierig, da die Mieterschutz- und Pachtschutzgesetze im Wege standen. Auch handelte es sich meist um langfristige Verträge, deren Änderung nach der laufenden Rechtsprechung nicht möglich war. Die Verhandlungen wegen Änderung der Pachtverträge mit den großen Gewerbebetrieben im Hafen, die für ihr wertvolles Gelände immer geringere Pachtsummen zahlten, führten mit geringen Ausnahmen zu keinem Erfolge. Ob es aber richtig war, an Stelle der erhöhten Pacht eine besondere Gehaltsummensteuer als Abgabe für den Fährbetrieb einzuführen, mag zweifelhaft erscheinen. Jedenfalls führte diese Steuer zu manchen steuerlichen Ungerechtigkeiten. Bei den Pachtpreisen für Domänen, landwirtschaftliche Grundstücke und für die Nutzungen an staatlichen Wäldern und öffentlichen Gewässern wäre vielleicht der Übergang zu Naturalwertpachten möglich gewesen, wie sie in Mecklenburg und Oldenburg bereits 1922 eingeführt wurden. Am wenigsten wurde den fiskalischen Interessen bei der Vermietung der vom Staat erstellten Wohnungen in Langenhorn und auf dem Dulsberg Rechnung getragen. Auf die Verteilung der Siedlungshäuser in Langenhorn hatte sich die Bürgerschaft einen maßgebenden Einfluß gesichert, der nicht immer glücklich war. So kam es, daß Familien eingewiesen wurden, die als Siedler ganz ungeeignet waren und schon bald wieder in die Mietskasernen zurückstrebten. Im Gegensatz hierzu hat z. B. Altona in seiner Siedlung Steenkamp eine glücklichere Hand gehabt.

Auch in der Darlehnspolitik wäre wohl ein früherer Übergang zu einer wertbeständigen Rechnungsart möglich gewesen. Noch im Jahre 1923 wurden Zuschüsse zu Wohnungsneubauten und Darlehen für die Instandsetzung schadhafter Wohnungen ohne Festmarkklausel gewährt. Die Folge war, daß die Darlehnsnehmer sie gegen Endes des Jahres in Bruchteilen eines Goldpfennigs zurückzahlen konnten. Wie weit auch andere Darlehen hiervon betroffen wurden, entzieht sich der Beurteilung des Außenstehenden.

Auch in der Gebührenfestsetzung erfolgte die Anpassung an die Geldentwertung nicht immer schnell genug, selbst wenn man berücksichtigt, daß die Tragfähigkeit vieler Bevölkerungskreise immer mehr abnahm. Die Einsetzung der Gebührenkommission aus Senats- und Bürgerschaftsmitgliedern genügte nicht, um den Wettlauf mit der Papiermark erfolgreich aufzunehmen. Auch hätte sich die Zahl der gebührenpflichtigen Akte noch vermehren lassen, ohne darum die sozialen Belange ganz auszuschalten. Schwieriger war die Festsetzung der Tarife der Verkehrsmittel und öffentliche Betriebe, da hier auf die Leistungsfähigkeit der Verbraucher mehr Rücksicht genommen werden mußte. Eine übermäßige Erhöhung der Verkehrstarife konnte leicht zu einer Abwanderung des Verkehrs und damit zu einer Abnahme der Einnahmen bei gleichen oder erhöhten Generalunkosten führen. Aber den sozialen und wirtschaftlichen Erfordernissen hätte auch Rechnung getragen werden können, ohne daß jede Tariferhöhung bis zum September 1923 erst im Plenum der Bürgerschaft in agitatorischer Breite verhandelt werden mußte. Die damit verbundene Verzögerung mußte zu starken Schwankungen im Ertrage führen, die für die Rentabilität nachteiliger waren als niedrige Tarife mit einer gleitenden, sich automatisch den Lohnerhöhungen anpassenden Skala.

Die Einführung fester Grundzahlen und beweglicher Schlüsselzahlen für alle Gebühren hätte den verwaltungstechnischen Vorteil gehabt, daß die häufige Veröffentlichung seitenlanger Gebührenschragen im Gesetz- und Verordnungsblatt vermieden wäre. Es bleibt das Verdienst einzelner Behörden, wie der Deputation für Handel, Schiffahrt und Gewerbe, der Deputation für das Beleuchtungswesen, die das Recht eigener Gebührenfestsetzung hatten, die Anpassung an die Markentwertung besser und schneller gefunden zu haben, als die bürgerschaftliche Kommission. Vielfach ist der Vorwurf erhoben worden, daß die Hafengebühren zeitweilig überspannt waren. Die Entwickelung des Hafenverkehrs im Jahre 1923 gibt zu diesem Vorwurf keinen Anlaß. Auch bildeten die Hafengebühren die Grundlage für die hamburgische Pfundanleihe und hatten deshalb eine besondere finanzpolitische Bedeutung.

Am stärksten wurde die Steuerpolitik durch die politischen Kämpfe der Parteien belastet. Die langen Verhandlungen in der Bürgerschaft oder in ihren Ausschüssen hatten mindestens den einen Nachteil, daß die Steuern zu spät kamen und die Steuersätze oft schon am Tage der Bewilligung überholt waren. Durch die Häufung der Steuernovellen traten Unübersichtlichkeit und Schwierigkeiten in der Verwaltung ein. Auch steuertechnisch trugen die Gesetze den Zeitverhältnissen nicht genügend Rechnung. Gegenüber der Vorkriegszeit änderten sie sich nur in der Höhe der Steuersätze. Mecklenburg-Schwerin hatte bereits im Frühjahr 1923 mit Erfolg bei der Grundsteuer und der Gewerbesteuer dadurch einen Ausgleich für die Geldentwertung geschaffen, daß zu dem veranlagten Steuerbetrag ein Währungsausgleichszuschlag trat, der nach dem Goldankaufspreis der Reichsbank berechnet wurde. Der Versuch hat in Hamburg keine Nachahmung gefunden. Von einer Besteuerung der reichssteuerfreien Einkommenteile, von der Getränkesteuer und dem Zuschlag zur Umsatzsteuer in Luxusgaststätten wurde abgesehen. Die Gewerbesteuer wurde mit erheblicher Verspätung und in unzureichenden Sätzen eingeführt. Die Grundsteuer wurde zu langsam ausgebaut. Die kleinen Nachkriegssteuern brachten mehr Verärgerung als Nutzen. Die Opfer an Zeit und Arbeit, die mit der Einführung der neuen Steuern verknüpft waren, schmälerten den Ertrag.

Der Ausfall an Steuern hatte die bedenkliche Folge, daß ein Ausgleich in den Einnahmen der öffentlichen Betriebe gesucht wurde.

Dieser Ausweg hatte etwas verlockendes, weil die Tarife sich schneller erhöhen ließen als die Steuersätze und weil die täglichen Einnahmen aus den Betriebswerken der Entwertung weniger ausgesetzt waren. Im Frühjahr 1923 schöpfte der Staat die Mittel für seine laufenden Bedürfnisse zum größten Teil aus den Gas- und Wasserwerken, die täglich ihre Eingänge an die Hauptstaatskasse abliefern mußten. Erst die Umstellung auf Gold brachte wieder genügend Steuereinnahmen, um zu einer gesunden Steuerpolitik zurückzukehren.

Bei der Kritik der Einnahmenpolitik während der Inflationszeit darf nicht vergessen werden, daß sich befriedigende Lösungen nicht erzielen ließen, solange die Wirtschaft auf dem schwankenden Grund einer verfallenen Währung ruhte. Die Währungsstabilisierung verpflichtet dazu, die Einnahmequellen wieder nach einem klaren Programm organisch zusammenzulegen und zu vereinfachen. Es müssen wieder die alten Steuergrundsätze der Vorkriegszeit zur Geltung kommen: einfach und klar, aber nicht roh. Bisher sind noch nicht alle Möglichkeiten in dieser Richtung erschöpft.

V. Staatsvermögen und Staatsschuld.

Das Vermögen des hamburgischen Staates besteht im wesentlichen aus Grundbesitz, Regalien und Mobiliarbesitz. In einer Pressenotiz von Anfang 1919 wurde es auf rd. 1,7 Milliarden Goldmark eingeschätzt[1]).

Diese Schätzung besteht zum mindesten heute nicht mehr zu Recht, wenn sie nicht überhaupt zu hoch war. Der Hauptvermögensposten, der Staatsgrund, hat zur Zeit erheblich an Wert eingebüßt. Trotzdem ist der Grundbesitz immer noch ein Aktivum in der Vermögensbilanz, die weitschauende Bodenpolitik der letzten Jahrzehnte trägt hier ihre Früchte. An Bodenschätzen hat Hamburg nur geringe Werte aufzuweisen. Die Erdgasquelle in Neuengamme, die jahrelang für die Rentabilität der Gaswerke eine große Bedeutung hatte, scheint nach den neuesten Bohrungen der Erschöpfung nahe zu sein. Abbauwürdige Braunkohlen- oder Torflager wie in der Nachbarschaft sind noch nicht gefunden. Der Wert der Regalien an Jagden, Fischerei und Eisgewinnung spielt keine große Rolle. Bedeutungsvoller ist der Besitz an Staatsgebäuden. Im Jahre 1911 befanden sich 1100 Gebäude mit einem Feuerkassenwert von 100 Millionen Goldmark und einem Mobiliar- und Inventarwert von 12 Millionen Goldmark im Staatsbesitz[2]). Diese Zahl hat sich seitdem um eine Reihe von Neubauten vermehrt, u. a. die Kunstgewerbeschule, die Erweiterungsbauten der Kunsthalle und des Stadthauses, das Museum für hamburgische Geschichte, die Hauptfeuerwache, mehrere Schulgebäude und Erweiterungen von Krankenhäusern, die Wohnungsbauten in Langenhorn und auf dem Dulsberg. Außerdem sind einige Gebäude günstig angekauft, u. a. die Kaisergallerie und das Savoyhotel. Ebenso hat die Zahl der Ingenieurbauten zugenommen. Der Vermögenswert aller dieser Gebäude würde sich zwar nur schwer realisieren lassen, zumal in Zeiten der Kapitalknappheit.

Der Wert der Hafen- und Kaianlagen ist nicht geringer geworden. Die natürliche Lage Hamburgs am seeschifftiefen Wasser mit großem Hinterland als unentbehrlichen Umschlagplatz zwischen Fluß- und Seeschiff, seine Bedeutung als größter europäischer Hafen können zwar in Krisenzeiten leiden, werden aber ein dauerndes Aktivum darstellen. Der Wert des Hafengeländes hat sich nach dem Kriege noch dadurch gesteigert, daß die Nachfrage der binnenländischen Veredelungindustrie nach passendem Industriegelände am Hafen infolge Erhöhung der binnenländischen Frachttarife gewachsen ist. Eine schweren Nachteil stellt allerdings das einseitige Verbot aller Seehafenausnahmetarife durch den Versailler

[1]) Fred S. Baumann, Die Bevölkerung Hamburgs, 1919.

[2]) Hamburg und seine Bauten, 1914, Bd. I, S. 82.

Friedensvertrag dar. Durch die Ausnahmetarife war es früher möglich gewesen, die über Hamburg geleiteten Waren tariflich zu bevorzugen und dadurch die Konkurrenz ausländischer Häfen zu bekämpfen. Anderseits darf damit gerechnet werden, daß mit dem langsamen Wiederaufbau der deutschen Handelsflotte, die bisher erst wieder den Stand von 1900 erreicht hat, auch die Werftbetriebe und die Hilfsindustrie für den Schiffbau an Umfang zunehmen werden. Nach dem Kriege mußten umfangreiche Kaistrekken an ausländische Schiffahrtsgesellschaften verpachtet werden. Diese Verpachtung hat nichts bedenkliches, da die verpachteten Kaistrecken nach Ablauf der 25jährigen Pachtzeit oder bei Aufhebung des Vertrages infolge Zuwiderhandlung gegen die Zollsicherungsordnungen mit sämtlichen errichteten Bauten vertragsmäßig in gutem baulichen Zustand in den Besitz des Staates übergehen.

Der Wert der Straßen- und Eisenbahnanlagen hat sich gegenüber der Vorkriegszeit nicht wesentlich geändert. Die Pachten für die von der Reichsbahn betriebenen Eisenbahnen sind im Etat von 1924 mit 600000 Goldmark eingesetzt. Diese Pachtsumme entspicht der von 1913. Hinzugekommen ist der Neubau der Güterbahn Neugraben—Waltershof, sowie die Walddörferbahn und die Langenhornerbahn. Für die Unterhaltung der Straßen werden voraussichtlich in den nächsten Jahren größere Aufwendungen erforderlich, da notwendige Unterhaltungsarbeiten jahrelang zurückgestellt sind. Der Vermögenswert der werbenden Betriebe dürfte sich kaum geändert haben.

Ein Ausfall ist eingetreten in den Posten Grundmieten, Hypotheken und Renten. Die Einnahme aus diesem Posten betrug 1913 fast eine Million Mark, im Haushaltsplan für 1924 sind nur noch 10000 Goldmark eingesetzt, ihr Wert ist also von rund 25 Millionen Mark auf rund 250000 Goldmark gesunken, falls nicht noch eine Aufwertung erfolgen sollte. Die Beteiligung des Staates an den Verkehrsunternehmungen hat nominell zugenommen. Der reale Wert der Eisenbahn- und Hochbahnaktien ist allerdings stark zusammengeschrumpft.

Gegenüber diesen Ausfällen durch Entwertung hat der Mobiliarbesitz sich wenig geändert. Eine Verminderung des realen Wertes durch Abnutzung kommt für die Betriebsmittel der einzelnen Verwaltungszweige, wie z. B. Schiffe, Fahrzeuge, Bagger und dergleichen in Frage. Die Vorratslager der Behörden wie auch die Sammlungen der Museen und Bibliotheken haben vielleicht sogar eine Wertsteigerung erfahren.

Die Bewertung des hamburgischen Staatsvermögens kann ihrer ganzen Natur nach nur auf unsicheren Schätzungen beruhen. Wie groß der Substanzverlust durch die Geldentwertung ist, läßt sich heute noch nicht übersehen. Im allgemeinen ist es den deutschen Städten in dieser Hinsicht ebenso gegangen, wie allen Unternehmungen mit hohem stehenden Betriebskapital,

z. B. den landwirtschaftlichen oder forstwirtschaftlichen Betrieben. Das stehende Betriebskapital war der Geldentwertung in geringerem Umfange als das umlaufende unterworfen. Die Schwierigkeit der städtischen und staatlichen Wirtschaftsführung lag während der Inflationszeit in der Deckung des täglichen Bedarfs.

Ein völlig anderes Bild ergibt die Staatsschuld. Vor dem Kriege war die Staatsschuld im Vergleich mit anderen deutschen Städten gering. 1912 trafen in den preußischen Städten mit über 100 000 Einwohnern auf den Kopf der Bevölkerung durchschnittlich 311,50 Mk. langfristige Schulden[1]). Dabei sind die preußischen Staatsschulden und die Schulden der Provinzen nicht berücksichtigt. Hamburg hätte demnach bei einer Bevölkerungszahl von 1 089 327 Seelen rund 339 Mill. Mk. fundierte Schulden haben dürfen. Tatsächlich betrug die fundierte Staatsschuld einschließlich der großen Anleihen für den Ausbau des Hafens Ende 1913 rund 780 Mill. Mk. Während des Krieges hat sie nicht zugenommen, da fundierte Anleihen wegen der Gefährdung der Kriegsanleihen des Reiches nicht aufgenommen werden durften. Erst im Jahre 1919 wurde eine neue Staatsanleihe aufgelegt und ein großer Teil der Kriegsausgaben auf langfristige Anleihe übernommen. Die fundierte Schuld wuchs dadurch bis Ende März 1922 nominell auf über 1,4 Milliarden Papiermark. In Umlauf waren außer einigen älteren unbedeutenden Renten- und Kammerbriefen drei 3%ige Anleihen von 1886 bis 1902, fünf 3½%ige Anleihen von 1887 bis 1904, sieben 4%ige Anleihen von 1900 bis 1914 und endlich 2 Serien einer 4½%igen Anleihe von 1919. Die letzte Anleihe 1919 B wurde noch bis Anfang 1923 abgesetzt, zuletzt in Stücken über 500 000 Mk. Nennwert. Bis Ende 1922 war davon rund 1 Milliarde in Umlauf[2]), später sind keine Zahlen mehr bekanntgegeben. Der starke Markssturz im April und Mai 1923 hatte dann zur Folge, daß sich diese Papiermarkanleihen mit niedriger Verzinsung nicht mehr unterbringen ließen. Die fundierte Schuld war somit von 780 Millionen Goldmark im Jahre 1913 nominell auf etwa 2½ Milliarden Papiermark im März 1923 gestiegen, ihrem realen Werte nach aber im Mai 1923 schon auf 50 000 Goldmark zusammengeschrumpft. Im Laufe des Jahres sank sie dann mit dem Währungsverfall in ein Nichts zusammen.

In noch stärkerem Maße hat die schwebende Schuld während der Inflationszeit zugenommen. Sie war vor dem Kriege mit 60 Millionen Goldmark gering, wuchs aber bis Ende März 1922 auf fast 2½ Milliarden und bis Ende März 1923 auf etwa 8½ Milliarden Papiermark, d. h. auf fast ½ Million Goldmark. Die weitere nominelle Steigerung während des Jahres 1923 hatte keine Bedeutung mehr, da sie durch die Währungszerrüttung kompensiert wurde. Die Hauptgläubiger waren das Reich und die Reichs-

[1]) Eheberg, Finanzwissenschaft, 1921, S. 695.

[2]) Angabe des Senatsvertreters in der Bürgerschaftssitzung vom 7. März 1923.

darlehnskasse, in geringerem Umfange auch Private gegen Hergabe von Schatzwechseln mit 1 bis 3 Monaten Laufzeit.

Eine kurze Betrachtung verdient die Anleihepolitik des hamburgischen Staates während der Inflationszeit insoweit, als sie sich von der anderer Städte unterscheidet. Bei einem Vergleich mit diesen fällt es auf, daß es noch bis zum März oder April 1923 möglich war, die $4^1/_2$%ige Anleihe von 1919 ohne Zinserhöhung oder sonstige Anreize immer wieder auszugeben. Noch im März 1923 wurden die Stücke mit einem Nennbetrage von 500000 Mk. im Auslande abgesetzt, besonders in den Vereinigten Staaten, und war der Kursstand über Pari. Daraus ergibt sich, welchen Kredit der Hamburger Staat zu einer Zeit noch genossen hat, als die übrigen deutschen Städte bereits die größten Schwierigkeiten in der Beschaffung langfristiger Kredite hatten. In dieser Zeit fand sich sonst in Deutschland kaum noch ein Geldgeber, der größere Kapitalien auf längere Zeit zu einem festen Zinssatz in Papiermark festzulegen bereit war. Überall mußten daher den langfristigen Kommunalanleihen die verschiedenartigsten Anreize gegeben werden, wie die Heraufsetzung des Zinsfußes oder die Verzinsung nach gleitendem Zinsfuß, die Gewährung eines hohen Disagios, die Bestellung von Hypotheken auf die Immobilien, die Einräumung einer Diskontklausel in Festmark oder in wertbeständigen Sachwerten wie Roggen, Kohle, Kali oder dergleichen. Auch mußten allgemein für die Unterbringung der Darlehen den Bankinstituten, öffentlichen und privaten Versicherungsgesellschaften, Girozentralen, Sparkassen, Hypothekenbanken und ähnlichen Unternehmungen hohe Vergütungen gewährt werden. Hamburg hatte alle diese Mittel, die eine große Gefahr für die Schuldner in sich trugen, bis zum März 1923 nicht nötig, da der offene Markt immer noch jeden Betrag aufnahm. Seit 1922 erfolgte eine außerordentlich starke Tilgung der älteren Anleihen. Als die Aufnahme der Papiermarkanleihen aufhörte, mußte sich Hamburg notgedrungen nach anderen Wegen umsehen. Die Frage, ob es damals eine wertbeständige Anleihe auflegen konnte, hat seiner Zeit die maßgebenden Kreise vielfach beschäftigt. Gegenüber anderen Städten, die über wertbeständige Einnahmen in Roggen, Kohle, Kali, Holz oder dergleichen verfügen konnten, wurde immer wieder darauf hingewiesen, daß Hamburg derartige Einnahmequellen nicht hätte. Auch wollte man wohl das Vertrauen zu den Papiermarkanleihen solange als möglich aufrecht erhalten. Die Sachlage änderte sich erst, als Anfang August zum ersten Mal die Kaigebühren in Goldpfennigen festgesetzt wurden. Dadurch wurde es möglich, Mitte August die Pfundanleihe zur Zeichnung aufzulegen. Es war das erste Mal, daß in Deutschland eine Anleihe in fremder Währung erfolgte. Infolgedessen war es nicht leicht, die Zustimmung des Reiches zu dieser Anleihe zu erhalten. Die Zeichnung in Devisen war zunächst gering, obgleich der Zeichnungspreis bei Einzahlung in fremder Währung nur 94% des amtlichen Berliner Mittelkurses betrug, der meist erheblich unter den ausländischen Kursnotierungen lag. Von der Begebung einer Sachwertanleihe hat Hamburg nicht Gebrauch gemacht.

Auch in der schwebenden Schuld bestand ein Unterschied gegenüber anderen deutschen Städten, Der größte Teil der schwebenden Schuld bestand in Darlehen der Reichsdarlehnskasse, deren Zinsfuß für Hamburg meist $^1/_4$% niedriger war als für andere Darlehnsnehmer. Ein weiterer Teil bestand aus Krediten der Reichsbank, die Hamburg meist unter dem jeweiligen Reichsbankdiskont erhielt. Der Rest endlich bestand aus kurzfristigen, zu festgesetzter Zeit wieder einlösbaren Schatzanweisungen, die an verschiedene Privatbanken zu wechselndem Zinsfuß ausgegeben wurden. Diese Möglichkeit, die Hamburg als Staat besaß, hatten andere Städte nicht. Für sie war die stete Gefahr vorhanden, daß ihnen die kurzfristigen Schulden von ihren privaten Gläubigern vorzeitig gekündigt wurden. Sie hatten daher auch im Gegensatz zu Hamburg meist das Bestreben, ihre schwebenden Schulden möglichst in fundierte zu verwandeln, obgleich die Festmarkklausel und die wertbeständige Verzinsung der langfristigen Anleihen sie stärker belastete. Für Hamburg bestand der Anreiz zu solcher Umwandlung nur solange, als der langfristige Kredit noch billiger zu haben war als der kurzfristige.

Ein Vergleich der gesamten Verschuldung der Inflationszeit mit andern deutschen Ländern und Gemeinden ist kaum möglich. Hamburg hat seinen Kredit so lange als irgend möglich dadurch ausgenutzt, daß es Papiermarkschulden ohne Wertbeständigkeit machte. Als diese Anleihen durch den Währungsverfall völlig wertlos wurden und durch die dritte Steuernotverordnung die Aufwertung untersagt wurde, war es seine große Schuldenlast fast ganz los. Vom fiskalischen Standpunkt aus mag das zu begrüßen sein, es bleibt aber abzuwarten, welche Folgen das in der Zukunft haben wird. Durch die völlige Entwertung der Staatsanleihen ist das Vertrauen der früheren Gläubiger zweifellos stark erschüttert. Die Frage der Aufwertung der alten Anleihen dürfte noch nicht entgültig entschieden sein, da nicht nur im Inland, sondern auch im Auslande das Verlangen der Gläubiger nach Aufwertung noch nicht zur Ruhe gekommen ist. Nicht ganz mit Unrecht wird darauf hingewiesen, daß nach dem Kriege eine Reihe von neuen Staatsaufgaben übernommen sind, die man sich vor dem Kriege nicht zugemutet hat und für die keine zwingende Notwendigkeit vorliegt. So fordert man ihren Abbau, um mit den Ersparnissen die alten Staatsgläubiger angemessen zu befriedigen und den erschütterten Grundsatz von Treu und Glauben wieder herstellen zu können.

Die Vermögenslage des hamburgischen Staates ist zur Zeit verhältnismäßig gut. Einer geringen Verschuldung stehen erhebliche Aktiva gegenüber. Allerdings macht das völlige Versagen des Anleihemarktes zur Zeit jede außerordentliche Ausgabe unmöglich.

Hamburgs Hafenverkehr hat den Stand der Vorkriegszeit schon wieder überschritten. Alle Erschwerungen für den Export- und Importhandel haben diese Gesundung nicht zu stören vermocht, bei freier Entfaltung der noch gebundenen Kräfte wird der wirtschaftliche Wiederaufbau weiter fortschreiten. Die binnenländische Industrie drängt an das seeschifftiefe Wasser. Ausländisches Kapital und ausländische Unternehmungen suchen nach neuen Betätigungsfeldern. So sind die Voraussetzungen für eine günstige Entwicklung gegeben, solange nicht politische Ereignisse sie stören. Aufgabe der Gegenwart ist es, die augenblickliche Krisenzeit durch außerordentliche Opfer zu überwinden. Große Staatsaufgaben, die während der Inflationszeit notgedrungen zurückgestellt wurden, harren ihrer Lösung. Der Hafen, der den heutigen Ansprüchen schon nicht mehr genügt, muß ausgebaut werden, die Nachfrage nach Industriegelände muß durch die Erschließung neuer Gebiete befriedigt, die Einrichtungen für den Güterverkehr müssen verbessert und erweitert werden. Bisher sind diese Aufgaben noch zu sehr hinter den Ausgaben für unproduktive Zwecke zurückgetreten. Die Zukunft wird darüber entscheiden, ob die Gegenwart die Aufgaben richtig erkannt hat und zu ihrer Durchführung opferwillig genug ist. Die Voraussetzungen für die Verwirklichung derartiger weitschauender Pläne aber sind geordnete Staatsfinanzen.

Valuta und Teuerung.

Tabelle 1

1. Durchschnittskurs des Nordamerikanischen Dollars in ℳ.

Monat	1918	1919	1920	1921	1922	1923
Januar	5,20	8,26	63,88	65,40	191,81	17 972
Februar	5,27	8,15	99,00	61,30	207,93	27 915
März	5,20	10,42	81,74	62,45	284,19	21 186
April	5,10	12,76	59,64	63,65	290,72	24 454
Mai	5,14	13,00	49,66	62,30	190,00	47 700
Juni	5,42	14,15	39,00	69,25	317,27	110 000
Juli	5,76	15,04	39,45	76,66	493,28	348 830
August	6,05	19,28	4781,	84,40	1 133,60	4,62 Mill.
September ..	6,58	24,33	57,98	104,90	1 465,80	98,85 Mill.
Oktober	6,62	27,12	68,13	150,25	3 181,00	25,26 Md.
November ...	7,50	39,04	77,23	161,96	7 182,80	2 160,00 Md.[1])
Dezember....	8,25	47,83	73,01	191,93	7 589,20	4 200,00 Md.

[1]) Seit dem 20. November 1923 = 4 200 Md.

Tabelle 2

Die Ausgaben der einzelnen Ver-
(berechnet nach der Haushaltsabrech-
— 1913 —

Verwaltungszweig	Ausgaben M.	Rückeinnahmen M.
Staatsschuld	35 910 900	—
Bauwesen ohne Gas und Wasser, einschl. Eisenbahnen und Friedhof	35 016 117	4 739 700
Unterrichtswesen	24 405 412	3 736 209
Polizei und Militär	13 450 299	2 830 515
Gesundheitswesen	15 408 309	5 306 413
Wohlfahrtswesen	8 748 287	1 710 290
Handel, Schiffahrt und Gewerbe, ohne Kai- und Hafengebühren	7 225 467	2 056 522
Justiz und Strafvollzug..................	10 431 621	6 852 543
Verwaltung des Landgebiets	2 918 828	29 766
Senat und Bürgerschaft.................	1 537 792	2 292
Die übrigen Verwaltungszweige ohne die Finanzverwaltung[1])	20 309 707	1 580 834
Gas- und Wasserwerke	10 638 835	21 814 308
	186 001 574	—

[1]) Hier ist das Arbeitsamt mit der Erwerbslosenfürsorge hinzugekommen,

Tabelle 1

2. Hamburgischer Lebenshaltungsindex (ohne Bekleidung), bezogen auf 1914 = 1.

Monat	1918	1919	1920	1921	1922	1923
Januar	Januar — Dezember 2,16[1])	Januar — Dezember 4,12[1])	6,58	10,40	18,24	1 052
Februar			8,16	9,54	22,73	2 550
März			10,09	10,05	25,41	2 467
April			9,22	9,66	32,27	2 566
Mai			9,50	8,94	36,36	3 583
Juni			8,45	9,20	39,59	7 619
Juli			8,82	10,31	48,72	32 655
August			8,53	11,51	71,02	455 993
September			8,58	11,60	120,18	10,56 Mill.
Oktober			9,53	12,64	208,17	2,91 Md.
November			10,50	16,51	441,31	630,00 Md.
Dezember			11,17	17,72	620,47	1 088,00 Md.

[1]) Großhandelsindex, da noch kein Lebenshaltungsindex errechnet wurde. Wegen der Höchstpreisordnungen würden beide nicht wesentlich von einander abweichen.

Tabelle 2

waltungszweige 1913 und 1924.

nung 1913 und dem Haushaltsplan 1924)

Nettoausgab. M.	%	— 1924 — Ausgaben GM.	Rückeinnahmen M.	Nettoausgab. GM.	%
35 910 900	24,50	2 005 000	26 100	1 978 900	1,65
30 276 417	20,65	22 441 090	4 921 900	17 519 190	14,60
20 699 203	14,10	25 557 150	2 413 210	23 143 940	19,30
10 619 515	7,25	21 264 470	3 103 900	18 160 570	15,10
10 101 896	6,90	22 887 720	9 771 200	13 116 520	10,95
7 037 997	4,80	20 880 830	2 637 750	18 243 080	15,20
5 168 945	3,50	5 061 575	4 401 920	659 655	0,55
3 579 078	2,45	12 406 660	5 277 950	7 128 710	5,95
2 889 152	2 00	2 319 965	25 600	2 294 365	1,90
1 535 500	1,05	1 857 923	17 650	1 840 273	1,55
18 728 873	12,80	28 384 362	12 464 865	15 919 497	13,25
—	—	—	1 900 000	—	—
146 517 745	100	165 066 745	—	120 004 700	100

die Löschabgabe fortgefallen.

Tabelle 3

Entwicklung der Staatsschuld.

(nach den Staatshaushaltsabrechnungen u. -plänen.)

Umlauf	Fundierte Anleihen in Millionen Papiermark	Zeitweilige Anleihen in Millionen Papiermark	Gesamtbetrag in Millionen Papiermark	Gesamtbetrag in Millionen Goldmark
Ende Dezember 1913	782	60	842	842
Ende Dezember 1914	896	104	1 000	1 000
Ende Dezember 1915	852	262	1 114	742
Ende Dezember 1916	843	411	1 254	784
Ende Dezember 1917	833	591	1 424	838
Ende Dezember 1918	824	926	1 750	875
Ende März 1920	1 213	1 100	2 313	154
Ende März 1921	1 345	1 690	3 035	202
Ende März 1922	1 443	2 250	3 693	74
Ende März 1923	—	—	11 000	2
Ende März 1924	—	—	—	0,3[1])

[1]) Ohne Pfundanleihe.

Tabelle 4

Der Schiffsverkehr im Hamburger Hafen.

(Angaben des handelsstatistischen Amts.)

Jahr	Eingang Anzahl	Eingang Registertons	Ausgang Anzahl	Ausgang Registertons
1913	15 073	14 185 496	16 627	14 440 026
1914	8 933	8 785 198	9 829	8 765 816
1915	1 155	508 020	1 100	614 756
1916	2 073	1 019 738	2 111	1 020 166
1917	1 563	889 245	1 672	912 705
1918	1 471	696 076	1 602	829 757
1919	2 234	1 543 784	2 706	1 450 414
1920	4 880	4 537 331	5 150	4 381 336
1921	8 401	9 421 487	9 842	9 442 798
1922	10 787	12 980 384	12 782	13 302 568
1923	13 192	15 344 000	15 984	15 619 000

Es handelt sich nur um den Seeschiffs-, nicht um den Binnenschiffsverkehr.

Tabelle 5

Arbeitslosigkeit und Erwerbslosenunterstützung.

(nach Angaben des Arbeitsamts.)

Monat		Arbeitsuchende Personen		Unterstützte Personen		Monatliche Aufwendungen	
		männl.	weibl.	männl.	weibl.	in Papiermark	in Gold[1]
Jan.	1921	24 480	6 448	18 674	4 782	7 911 714	508 000
Febr.	,,	24 092	6 310	18 768	4 448	7 074 352	487 000
März	,,	23 051	6 575	18 499	4 679	7 380 067	198 000
April	,,	24 671	6 955	19 420	4 777	10 529 402	694 500
Mai	,,	19 956	5 787	16 299	4 555	9 197 178	620 000
Juni	,,	19 280	6 734	14 911	4 605	6 280 721	381 000
Juli	,,	16 212	6 131	11 557	4 339	9 599 240	526 000
Aug.	,,	11 074	5 506	8 583	3 785	6 099 911	199 000
Sept.	,,	8 734	4 978	6 559	3 269	4 136 079	165 300
Okt.	,,	8 530	4 795	5 156	2 762	3 099 898	86 700
Nov.	,,	8 347	3 988	4 531	2 341	3 120 792	50 000
Dez.	,,	8 334	3 439	3 790	2 037	3 228 067	70 750
Jan.	1922	9 777	3 046	6 568	2 026	3 414 654	74 400
Febr.	,,	11 794	3 100	7 471	1 957	5 362 999	108 000
März	,,	6 675	2 738	2 200	1 793	3 092 231	44 350
April	,,	6 692	3 029	1 585	1 719	1 955 629	28 100
Mai	,,	5 504	2 714	1 057	1 316	1 563 238	23 100
Juli	,,	5 672	2 333	765	684	1 376 824	18 400
Juli	,,	8 819	2 509	679	444	1 020 849	8 740
Aug.	,,	9 276	2 869	870	350	686 986	2 540
Sept.	,,	11 341	3 557	2 023	550	1 656 626	4 570
Okt.	,,	13 063	3 849	2 768	430	2 075 674	2 765
Nov.	,,	14 166	4 337	3 289	494	4 785 099	2 810
Dez.	,,	22 462	14 172	4 439	731	18 032 030	10 050
Jan.	1923	17 213	4 280	5 648	1 008	55 452 344	12 955
Febr.	,,	21 105	4 076	9 208	1 349	218 183 215	32 799
März	,,	22 517	4 898	9 986	1 610	472 111 932	93 576
April	,,	23 068	5 199	11 846	1 985	574 887 669	98 559
Mai	,,	19 499	4 615	8 945	1 899	848 712 409	75 471
Juni	,,	17 843	4 103	7 066	1 628	1 122 326 818	42 853
Juli	,,	17 596	4 326	7 087	1 974	3 386 328 738	39 696
Aug.	,,	25 927	6 352	14 960	3 686	133 Md.	124 332
Sept.	,,	34 266	8 311	24 042	5 016	5 805 ,,	236 732
Okt.	,,	42 335	11 209	33 739	6 820	1 758 902 ,,	295 150
Nov.	,,	38 071	7 174	26 955	4 103	425 394 801 ,,	812 116
Dez.	,,	39 663	10 645	20 021	3 841	905 375 665 ,,	905 375
Jan.	1924	35 584	7 851	25 871	3 909	745 708 GM.	745 708
Febr.	,,	27 793	5 513	20 039	2 106	510 083 ,,	510 083
März	,,	17 003	4 623	13 845	1 334	383 989 ,,	383 989

[1]) Umgerechnet über Durchschnittsdollarkurs.

Tabelle 6

Vom Wohlfahrtsamt unterstützte Parteien.

(Höchstzahlen, nach Angabe der Wohlfahrtsamtes.)

Monat	1922	1923	1924
Januar	17 084	17 244	13 387
Februar	17 239	17 660	12 334
März	17 144	17 988	11 198
April	16 407	17 662	10 544
Mai	16 407	17 662	
Juni	16 197	17 002	
Juli	16 095	16 083	
August	16 017	15 066	
September	16 070	14 774	
Oktober	16 359	12 009	
November	16 436	13 213	
Dezember	17 121	13 870	

Tabelle 7

Unterstützungssätze des Wohlfahrtsamts für eine Woche.

(Kaufkraft auf Grund der Hbg. Teuerungszahlen errechnet)

Stichtag	Alleinstehender Mann		Familie mit 3 Kindern	
	Unterstützung Papiermark	Kaufkraft	Unterstützung Papiermark	Kaufkraft
12. 9. 21	63	5,29	165	13,87
15. 12. 21	85	4,60	225	12,23
1. 5. 22	120	3,33	370	10 28
1. 9. 22	300	2,50	980	8,00
1. 12. 22	000	2,35	3 400	7,70
. 2. 32	4 000	1,43	11 600	4,56
4. 6. 23	17 000	2,07	41 000	4 98
2. 7. 23	40 000	1,12	100 000	2,81
27. 8. 23	1 300 000	2,49	3 200 000	6 12
24. 9. 23	55 000 000	4,52	137 500 000	11,30
22. 10. 23	1,50 Md.	0,46	3,75 Md.	1,16
6. 11. 23	300,— „	0,47	800,— „	1,25
3. 12. 23	3 500,— „	3,50	9 000,— „	9,00

Druck von J. J. Augustin in Glückstadt und Hamburg.